生态文明示范创建成果丛书

国家生态文明建设示范区

2017—2020

NATIONAL DEMONSTRATION CITIES AND COUNTIES FOR ECOLOGICAL CIVILIZATION

生态环境部 / 编

中国环境出版集团 · 北京

图书在版编目（CIP）数据

国家生态文明建设示范区：2017—2020 / 生态环境部编 . —北京：中国环境出版集团 . 2020.12
（生态文明示范创建成果丛书）
ISBN 978-7-5111-4245-0

Ⅰ. ①国… Ⅱ. ①生… Ⅲ. ①生态环境建设—研究—中国—2017-2020 Ⅳ. ① X321.2

中国版本图书馆 CIP 数据核字（2019）第 286885 号

出 版 人 武德凯
责任编辑 赵 艳
责任校对 任 丽
封面设计 彭 杉

出版发行 中国环境出版集团
（100062 北京市东城区广渠门内大街 16 号）
网 址：http: //www.cesp.com.cn
电子邮箱：bjgl@cesp.com.cn
联系电话：010-67112765（编辑管理部）
010-67147349（第四分社）
发行热线：010-67125803，010-67113405（传真）
印 刷 北京建宏印刷有限公司
经 销 各地新华书店
版 次 2020 年 12 月第 1 版
印 次 2020 年 12 月第 1 次印刷
开 本 880 × 1230 1/12
印 张 47
字 数 292 千字
定 价 260.00 元

《国家生态文明建设示范区》2017—2020

编委会

前言

二十世纪九十年代，原国家环保局（总局）在全国范围广泛开展生态示范区建设工作；2000年以来，原环境保护部在生态示范区工作基础上，推动开展以生态省、市、县、乡镇、村、工业园区为抓手的生态建设示范区工作；2013年，经中央批准，"生态建设示范区"更名为"生态文明建设示范区"。近年来，生态环境部以生态文明示范创建为抓手，统筹推进"五位一体"总体布局，积极探索生态文明建设的不同路径和形态，是贯彻落实习近平生态文明思想的重要举措，得到了各地的广泛参与和积极响应。

2017—2020年，生态环境部先后命名表彰了四批共262个国家生态文明建设示范区。这些地区根据区域特色开展了一系列的生态文明建设模式探索，积累了宝贵的实践经验，示范引领了全国生态文明建设。

目录

第一批

国家生态文明建设示范区

北京市延庆区

示范区

野鸭湖

玉渡山草甸

巍巍海坨山，清清妫水河，构成延庆的绿本底。

守护首都西北这道生态屏障，则是延庆的大作为。党的十八大以来，延庆区先后获得“中国生态文明奖先进集体”“国家生态文明建设示范区”“首都环境建设样板单位”等荣誉称号。

世园会景中增彩，冬奥会锦上添花。延庆保护的绿水青山，成为可望亦可及的金山银山。绿色，成就了高质量发展的延庆。

延庆生态文明建设的一条重要经验，就是以生态文明示范创建为载体，积极开展体制机制创新，推动生态文明建设的法治化、制度化。延庆在北京市率先编制自然资源资产负债表并开展区域生态价值测算评估，被确定为全市首批领导干部自然资源资产离任审计试点区县，区法院成立了北京市第一个环保法庭，区检察院成为全国首批环境公益诉讼试点单位。

创建国家生态文明建设示范区，为延庆的生态环境保护和生态文明建设增加了新的动力。2019 年上半年，全区 $PM_{2.5}$ 平均浓度 42μg/m^3，同比下降 20.8%。2018 年 3 月启动的新一轮百万亩造林工程，到 2019 年 6 月已经完成种植面积 1.89 万亩，占总面积的 66.4%。浅山荒山造林工程、小微绿地项目已全部完成。让森林走进城市，让城市拥抱森林，延庆的生态理想正在变成现实。

林海印象

延庆城区

山西省朔州市右玉县

示范区

绿满右玉（辛泰 摄）

右玉用 70 年时间，书写了从不毛之地到塞上绿洲的生态传奇，形成了内涵丰富的右玉精神。

右玉地处毛乌素沙漠边缘高寒干旱地带，年均气温 5.2℃，降水量仅有 518mm。新中国成立之初，全县土地沙化面积占到 76%。70 年来，右玉坚持不懈地改善生态，人工造林近 160 万亩，林木绿化率由不足 0.3% 提高到 55%。“全国绿化模范县”“全国绿化先进集体”“国家生态文明建设示范县”“‘绿水青山就是金山银山’实践创新基地”等荣誉实至名归。

松林卫士

右玉改善生态的历史实践，深刻诠释了政治优势、体制优势。县委一任接着一任干，以“功成不必在我”的境界，以坚韧不拔的意志和无私无畏的勇气，在极其艰苦的条件下，带领人民70年持续植树造林，再造了右玉的“绿水青山”。

右玉改善生态，是不断探索自然规律的实践过程。从最初的哪里能活哪里栽、什么能活栽什么，到现在的科学造林、科学管理，都体现了尊重自然、顺应自然、保护自然的科学精神。

党的十八大以来，右玉在持续保护生态的同时，开始抓景观、兴旅游。获得“国家生态文明建设示范县”和“‘绿水青山就是金山银山’实践创新基地”荣誉称号之后，右玉进一步构筑“绿化带、生态园、风景线、示范片、种苗圃”相结合的绿色生态网络，一幅“乔灌花草立体栽，山川遍地靓起来”的美丽画卷徐徐展开。

苍头河湿地公园

辽宁省盘锦市大洼区

示范区

大洼位于辽河和大辽河之间的冲积平原，拥有世界最大的芦苇荡、亚洲最大的湿地以及生态奇观红海滩。独特的生态系统为 279 种珍稀鸟类提供了栖息之地，其中有丹顶鹤、黑嘴鸥等国家保护鸟类。

芦苇荡

红海滩

鸟类保护

大洼是全国优质水稻主产区之一，有稻田 70 多万亩，大米品牌闻名遐迩。

要扩大工业和水稻生产规模，就可能对湿地系统造成压力。大洼区在经济强劲发展的同时，始终把保护生态环境作为政治责任，宁肯放弃局部和眼前利益也要精心保护湿地，用实际行动践行“绿水青山就是金山银山”重要理念。

大洼把获得“国家生态文明建设示范区”称号作为新的起点，高标准推进生态建设。全区先后拆除保护区内建筑 60 余处，恢复湿地面积 53 万 m^2，增强了生态系统的完整性和稳定性。全区大力发展以稻田养蟹为特色的生态农业，开展农药化肥零增长行动，促进了水稻、河蟹双丰收。全区范围内实施农村污水收集处理，解决了农村居民厕所和厨房废物直排，以及畜禽粪便乱堆乱放问题。政府投入大量财力，改造农村房屋，实现了水冲厕所入室、燃气入户。

农业

大堡子村

吉林省通化市通化县

示范区

通化地处长白山南麓、浑江中游，生态良好，自然资源丰富。山好、水好、空气好，是全县最大优势和核心竞争力。作为吉林省首个“国家生态文明建设示范县”，通化在正式命名之后脚步不停、起点不降，全面推进新一轮生态建设大行动，严守生态保护红线主体责任，以实现从“浅绿”到“深绿”的绿色发展。

多年来，通化县委几任领导班子始终牢固树立“尊重自然、顺应自然、保护自然”的生态文明理念，一直坚持举生态旗、走生态路、创生态业，一任接着一任干、一张蓝图绘到底，夯实了“环境保护优先、生态文明至上”的核心地位。党的十八大以来，通化先后开展了“生态产业、清水、蓝天、

县城全貌

家园、清洁、宁静、青山、生态安全”八大工程，累计投资约115亿元。

通化从本地实际出发，统筹开展水安全、水生态、水环境、水文化建设，在县城建设集候鸟栖息、植物观赏、生态观光于一体的生态长廊。县城推进棚户区改造，营造山上有风景、山下有绿地、河中有湖、街巷有绿荫的小城风情。

通化连续多年开展增绿行动，森林覆盖率已经达到76.9%。全县整体推进美丽乡村建设，让绿色乡村美起来、富起来，形成了极具吸引力的贡米、蓝莓、冰雪等特色小镇群。

英额布水库

秋韵

冬韵

黑龙江省鸡西市虎林市

示范区

晨雾

虎林地处黑龙江省东部，是国家重点生态功能区。2017 年 9 月，荣获全国首批、黑龙江省唯一“国家生态文明建设示范市”荣誉称号。

虎林始终把生态环境保护当作头等大事，创建成功后又自我加压，于 2018 年 8 月召开全市首次生态环保大会，开始实施《全面加强生态环境保护加快建设生态强市实施方案》，提出了生态文明建设的更高要求。

乌苏里江鸟岛

虎林特别强调保护自然生态系统，连续开展原生态保卫战。全市加快退耕还林还草还湿，构建生态廊道，森林总面积达30万公顷，森林覆盖率将近32%。

虎林先后实施了城镇污水处理厂提标扩容、污水收集管网扩建、雨污分流、污泥资源化处置、存量垃圾场治理等重点工程，地表水优于Ⅲ类水质比例达到89.3%。全市升级改造了重点源污防设施，实现稳定达标排放，环境空气质量优良天数基本稳定在345天。城镇生活垃圾无害化处理率100%，绿化覆盖率42.65%。全市11个乡镇中有9个获批为国家级生态乡镇，省级生态乡村实现全覆盖。

虎林依托资源环境优势转型升级，培育做大生物制药、绿色食品精深加工等主导产业和龙头企业，强制性清洁生产通过审核比例达100%。全市利用域内丰富的旅游资源，创建全域旅游示范区和虎头珍宝岛5A级景区，2018年全市接待游客316.7万人次。

珍宝岛湿地国家级自然保护区

虎林日出

江苏省苏州市

示范区

苏州是经济大市，2018 年 GDP 达到 1.8 万亿元，居江苏省第一，在全国与上海、北京、深圳、广州、重庆、天津等居前十。苏州又是生态文化名城，河流、湖泊、滩涂占全市面积的 36.6%。苏州不仅保持了水陆并行、河街相邻的“双棋盘”格局，还做出了经济与生态共赢的“双面绣”。

在寸土寸金的苏州，生态红线保护区域占全市国土面积的 37% 以上，比例为江苏省最高。在城镇化进程中，苏州始终尊重自然格局，传承历史文化，加强古镇、古村落环境保护，保持江南水乡特色风貌。城市建成区绿地率达 37.9%，绿化覆盖率达 42.8%，人均公园绿地面积 15 平方米。

苏州正在实现由资源、环境、人口、投资等传统要素驱动向科技、人才等创新驱动转变，特别是服务业量质齐升，增加值占地区生产总值比重达 50% 以上。

苏州作为全国城乡差距最小的地区之一，先后建成 100 个乡村示范点和 690 个三星级康居乡村。辖下各市（县）区全部建成国家生态市（县、区），在全国率先建成国家生态市群。

苏州把创建国家生态文明建设示范市作为为人民办实事的重大工程，作为广泛发动群众、提升全民生态环境意识的有形抓手，从而优化了全市的生态环境，增强了综合竞争力，提升了城市品位，促进了人与自然的和谐共生。

画里水乡

蓝天白云映城楼

江苏省无锡市 示范区

党的十八大以来，无锡全面构建生态资源、生态产业、生态治理、生态制度、生态文化五大体系，2017 年荣获首批“国家生态文明建设示范市”称号。

无锡出台了省内首个市级主体功能区规划，生态红线保护区域占比位列全省第二；区域建设用地节约集约利用综合指数排名全省第一；单位 GDP 年能耗数值、下降率指标水平以及主要污染物减排各项目标任务完成进度均居全省前列。

华灯初上

太湖

建成梁鸿湿地、长广溪湿地、蠡湖湿地等国家级湿地公园。其中，蠡湖湿地公园成为华东地区面积最大的开放式国家湿地公园。全市湿地保护率和林木覆盖率分别达 54% 和 27.3%。

无锡市高新技术产业在全省名列前茅，大规模集成电路制造技术和能力跃升全国第一。物联网技术研发与应用跻身世界先进城市行列，成为全国唯一的国家传感网创新示范区。服务外包产业各项主要指标位居全国前列，全省第一。国家现代农业示范区建设成效明显，农业园区面积比重达 52%。

建成国内一流的污水处理体系，蠡湖治理成为世界湖泊治理的典范，太湖无锡水域水质主要指标好于全太湖。

环境空气质量持续改善，2018 年无锡成为全省唯一 $PM_{2.5}$ 平均浓度和空气优良天数“双达标”城市，大气污染防治年度考核综合评分全省第一。

灵山

长广溪

江苏省南京市江宁区

示范区

江宁开发区 8 万吨污水处理厂

江宁从东西南三面环抱江苏省会南京主城，生态地位非常重要。全区近 34% 的国土面积为生态红线区域，全域 1 500 多平方千米划分为“三个 500 平方千米板块”，即 500 平方千米功能片区和新市镇 +500 平方千米美丽乡村示范区 +500 平方千米生态涵养不开发区三个功能版块。

全力打造干净产业，大力发展汽车、新一代信息技术、智能电网三大支柱产业和高端装备制造、生命科学、节能环保三大战略性新兴产业，以及文化休旅、现代物流、软件和信息服务三大现代服务业，创成智能电网、可再生能源、通信与网络、生物医药、节能环保、未来网络等 6 个国家火炬特色产业基地。高新技术企业产值占规模以上工业总产值 64.7%，高于全市近 20 个百分点。

大力实施“10+1”城市精细化管理，在全市率先实现“森林镇街”全覆盖。城镇建成区绿化覆盖率 47.3%，城镇人均公共绿地面积达到 17 平方米。全区村庄环境综合整治率达到 100%，农村卫生厕所普及率将近 100%。

深入实施生态细胞创建工程，全区 10 个街道全部建成国家生态街道，实现“满堂红”；国家生态村、68 个省市级生态村，占全区行政村总数的 94.4%；建成 3 所国际生态学校、26 所省级绿色学校和 63 所市级绿色学校，占全区学校总数的 94%，位居全市第一。

马场人家春意浓

云水涧

江苏省泰州市姜堰区

示范区

2017年荣获国家生态文明建设示范区称号，成为姜堰绿色发展的新起点。据《人民日报》发布的《2018年中国中小城市科学发展指数研究成果》显示，姜堰区已经跻身全国绿色发展百强区行列。

姜堰不断优化调整生态红线保护区域，将禁止开发区面积在原有的基础上增加2.7倍，达到4.66平方千米。在全省率先实施镇（街）生态保护差别化考核，在科学发展中更加注重生态资源保护，更加注重将生态资源向发展资源、生态优势向发展优势转变。

溱湖

2018年，开展了环保领域百日摸底排查、百日集中整治、百日建章立制“三个百日行动”，密集开展化工、电镀、废油、畜禽养殖、危化品码头、备用水源地环境安全隐患、危化品运输船舶安全等突出环境问题专项整治，严厉打击偷排、超标排污等环境违法行为，2018年“环保法典型案例”位列全市第一。

2008年推动成立全国首家镇村级民间环保社团姜堰区乡村环保生态家园协会，目前有会员600多人，都是当地德高望重的社会有识之士。依托乡村环保生态家园协会，组建环境保护纠纷人民调解组织，对一时难以解决或是久拖未决的环境信访，组织召开圆桌对话会议，共同协商制定让各方都能接受的解决问题的方案。

溱湖湿地

生态姜堰

江苏省淮安市金湖县

金湖是城不是湖，是一座漂在水上的城。水域面积占县域面积的三分之一，淮河入江水道穿腹而过，高邮湖、宝应湖、白马湖环绕，一县坐拥三湖，全国唯一。

新标识下，打造新标杆。在建成国家生态文明建设示范县的基础上，2017 年 12 月，金湖县委又聚焦生态文明建设主题，提出“天常蓝、水恒清、地永绿、城更美”美丽金湖建设新愿景。

金湖注重从项目源头抓起，坚守项目准入的第一道防线。如果项目不符合环保要求，即使投资体量再大，也坚决不会引进。2006 年以来全县已连续 10 多年没有引进一个化工项目，仅 2018 年全县暂缓或否决的项目就多达 32 个。在一批污染项目被淘汰否决的背后，金湖科技城、航空新城、中南高科产业园等一批高质量项目落户金湖。

金湖美不美，关键是看水。2018 年，在全省高质量发展考核中，金湖两项指标全省第一：地表水达到或好于Ⅲ类水的比例为 100%，全省第一；空气质量优良天数比率达到 87.1%，全省第一。

金湖以全域旅游为载体，景依水而建、因道而设，全县以金湖绿道为串联，新建 43 个服务驿站、42 千米国际标准马拉松赛道、100 千米自行车公路赛赛道以及 20 多种主题大道。全域旅游这根“金扁担”，一头挑起了“绿水青山”，一头挑起了“金山银山”。

柳树湾湿地公园

水上森林公园

浙江省湖州市

示范区

湖州把国家生态文明建设示范市看作生态文明建设的最高荣誉，把创建成功作为新的起点，全方位推进绿色发展。先后成为国家生态县区全覆盖的国家生态市、第一批国家生态文明建设示范市和“绿水青山就是金山银山”实践创新基地。

湖州努力把生态环境优势转化为绿色发展优势，实现经济发展与环境保护协同推进，全市农业现代化发展指数已经连续5年列全省第一，制造业发展速度连续5年位居全省前三，服务业发展速度连续4年保持全省前列。2018年全市各项主要指标都保持较快增速，全市地区生产总值、财政总收入、地方财政收入增速均居

安吉县尚书圩村

长兴县和平白茶节（周德坤 摄）

全省第一。

湖州列入国家“水十条”考核的13个断面100%达到考核要求，全市县控以上地表水监测断面全部达到或优于Ⅲ类水质，县级以上集中式饮用水水源地水质达标率均保持100%，省交接断面水质考核位列优秀等次，入太湖水质连续11年稳定保持在Ⅲ类水以上。2019年上半年市区$PM_{2.5}$浓度下降至37微克/米^3，较上年同期43微克/米^{3}下降14%，2018年全年市区$PM_{2.5}$浓度下降至36微克/米^3，较2017年全年下降14.3%，在杭州都市圈和环太湖城市中浓度最低。2019年上半年空气优良率上升至78.5%，比上年同期74%上升4.5个百分点。

城山沟

太湖

浙江省杭州市临安区

示范区

临安位于长三角南翼，系太湖和钱塘江两大水系源头，拥有天目山、清凉峰两个国家级自然保护区和青山湖国家级森林公园，森林覆盖率达 81% 以上。

为了保护这道浙西生态屏障，临安坚持走生态与经济共赢发展之路，三次产业比重从 2011 年的 9.5∶57.9∶32.6 优化为 2018 年的 8∶44.2∶47.8，城乡居民收入比缩小至 1.72∶1。

临安依托生态实施乡村振兴战略，实施山核桃亮牌、竹产业振兴 3 年行动计划，成功申报太湖源省级现代农业园区，创成省级畜牧业绿色发展示范县。推进森林旅游康养景观带、农业休闲观光景观带和农事体验创意景观带的“三带”建设。全区农业标准化生产率达 66.64%，“三品一标”认证比例达 55.76%。

临安推动制造业高质量发展，打造智能装备研发制造创新基地和科技型中小企业创业基地。入选“两化”深度融合国家示范区，创成“中国光电产业基地”等国字号区域品牌。

临安立足生态，推动旅游景区资源整合，打造美丽景区，做好“美丽+”文章，实现点上示范引领、面上整体提升。创建美丽田园综合体，推进村落景区建设，打响了红叶指南等村落景区品牌。2018年旅游业增加值占全区GDP的10%。

青山湖（黄金谦 摄）

昌青溪

浙江省宁波市象山县

示范区

生态一直是象山最大的优势之一，良好的生态环境已成为象山发展的重要资源依托。历届县委、县政府高度重视生态文明建设，先后成功创建国家级生态示范区、国家级生态县、国家生态文明建设示范县。

象山实施了生态环境保护治理三大工程。碧水工程：全域剿灭劣 V 类水体，全面推进“污水零直排区”建设，水质整体面貌明显改观；统筹城乡污水处理设施规划建设，全面完成中型水库环境综合治理，完成大塘港周边养殖场改造。洁净工程：开展电镀、印染、造纸、化工、铸造等重点行业整治提升，并在全县范围实施生活垃圾太阳能生态处理。修复工程：加强海洋环境修复和保护，加快海洋

渔港之夏（谢定会　摄）

牧场建设；积极开展人工增殖放流，全面启动海洋碳汇试验区建设，在韭山列岛建成规模60万平方米的海洋碳汇试验区；积极推进石浦港、松兰山等海岸带整治和修复工程。

象山坚持绿色发展理念，推动产业结构绿色转型。着力推进“海洋+”生态工业。以“高端化、智能化、融合化、低碳化”为方向，重点推进新装备制造、新材料、新能源、海洋生物（生命健康）等新兴产业规模化发展，加快推动时尚针织、汽配模具、水产品加工等传统优势产业转型升级。着力推进绿色高效农业，基本形成了以大黄鱼、梭子蟹、特种畜禽、出口蔬菜、柑橘、杨梅、紫菜和南美白对虾等“7+1”农业龙型产业为基础的农业产业体系。

生态养殖

海岛渔火（吴伟峰 摄）

浙江省绍兴市新昌县

示范区

新昌地处浙江东部，八山半水分半田，是典型的山区县。2017 年被授予首批“国家生态文明建设示范县”称号。生态环境质量公众满意度从 2013 年的 59.69% 上升至 2018 年的 85.91%，“五水共治”满意度从 2014 年的 71.87% 上升至 2018 年的 89.87%。

在浙江省生态文明建设评价中，新昌生态经济指数连续 4 年排名全省第一。2018 年新增“万元亩产”面积 12 400 多亩、珍贵彩色健康森林 8 200 多亩、特色产业基地 11 800 多亩，连续 9 年获评“全国重点产茶县”。

天姥山

全县污水、垃圾处理处置设施不断完善，至2018年底，城市污水处理率达到93%，农村生活污水有效治理建制村比率100%，城乡生活垃圾集中收集和无害化处理率均达100%。加快推进重点行业整治，印染、化工、电镀、医药等重污染行业整治提升全部通过上级验收。2018年，单位能耗工业增加值为2.42万元/吨标准煤，单位排污工业增加值为968.89万元/吨，新产品产值率51.1%。

新昌快速发展生态旅游，积极推进国家全域旅游示范区创建，加快景区配套建设，积极发展乡村旅游，一批高端精品民宿建成营业。

生态茶园

钦寸水库

浙江省金华市浦江县 示范区

美丽的浦江金狮湖畔，丹桂飘香，游人如织。不熟知浦江的人可能不知道，以前的金狮湖是城区内最大的散发恶臭的垃圾湖，住在附近的居民甚至无法开窗。2013 年，浦江县以壮士断腕的勇气，开始治污拆违。如今浦江已经成为浙江首批美丽乡村示范县和首批“无违建县”。生态环境质量公众满意度从浙江全省倒数第一，逐年上升到全省前五名。

翠湖路段

在治水中，浦江摸索和总结了一系列生态治理和生态管理制度。在全省率先探索建立河道江段长制度，形成由 32 名县级河长统筹引领，64 名镇级河长落实推进，257 名村级河长常态监管，618 名保洁员日清日洁的四级“河长”管护格局。创新实施河道“警长制”、部门“河长制”、村级“塘长制”、排污口“哨长制”，健全机制，长效治水。全面实行生态补偿、生态环境损害责任追究、饮用水水源生态补偿。

浦江以治水为突破口，倒逼水晶产业转型升级。投资 20 亿的四个现代化水晶产业园，实现水晶企业园区集聚、统一治污、产业提升。2016 年水晶产值超 90 亿元，达到整治前的 1.7 倍，税收突破 2 亿元，达到整治前的 5.9 倍。2019 年上半年产值和税收同比增长 31.0% 和 86.6%。世界 500 强企业中国华信能源有限公司投资 53 亿元建设水晶小镇，国内首个 6 000 万套 5G 手机水晶玻璃智能盖板项目选择了浦江，韩国集成电路装备公司、台湾半导体装备公司等高端客户纷纷到浦江投资。

茜溪利民村（方晓东 摄）

安徽省宣城市 示范区

宣城市全面践行“绿水青山就是金山银山”理念，聚力打造山水文化生态之城，致力把一方水土建设成为生态大公园、文化大观园、旅游大乐园、宜居大家园，优良的生态环境已成为其经济社会发展的核心竞争力。

宣城山水清远，河网密布。2018 年，全市 7 个国控断面水质达标率 100%，其中，4 个断面水质优于省定目标一个类别；11 个县级以上集中式饮用水水源地水质达标率 100%。

多彩宣城

青龙湾

“宣城蓝”是城市永恒的主打色。全面推进水气土污染防治，2018 年，宣城市空气质量持续改善，$PM_{2.5}$ 和 PM_{10} 年平均浓度同比分别下降 12% 和 15.8%，排名全省第 3 位；空气质量优良天数比例为 88.3%，同比上升 8.2 个百分点，位列全省第 2 位。

湿地

绿色不仅是生态，也是产业。宣城推进重点景区创建，加快发展具有国际竞争力的特色旅游商品。“文房四宝”是宣城的金字招牌。紧扣宣纸及其衍生品、宣笔、徽墨、宣砚，培育和挖掘了一系列书画旅游产品。大力实施“旅游 +”行动计划，昆山湖、官塘湖等乡村休闲度假区建成；大佛山养心谷研学旅行基地正式开放；绩溪县新安健康产业园即将建成，胡开文、良才两个徽墨产业园一期建成。

红杉林

如今的宣城，美在生态、妙在景观、神在文化、奇在山水，水系、山体、生态绿地和城市空间珠联璧合。

安徽省六安市金寨县

绿色山城

金寨是国家生态文明建设示范县、国家重点生态功能区，也是国家主体功能区建设试点示范区，县委、县政府长期坚持“生态立县”战略，巧打生态牌，蹚出绿色减贫新路径。

全县完成森林增长工程造林 21 万多亩，封山育林 15 万亩，实施生态公益林近 300 万亩，全县森林覆盖率超过 75%。结合公益性岗位开发，聘请 2 700 多名贫困劳动力担任生态护林员。扎实开展生物农药、物理防控替代化学农药、除草剂和有机肥替代化肥“两个替代”行动，全县化学农药基本下架。在全省率先建设城市地下管廊，已建成 50 余千米。

金寨做大生态工业，增强绿色减贫支撑。全县已建成可再生能源发电总装机 178.5 万千瓦，新能源首位产业不断壮大。2018 年，全县农产品加工产值达 40 多亿元。

金寨大力发展生态农业，推动农业增效、农村增绿、农户增收，培育各类新型主体 5 600 多家，兴建农业产业扶贫百亩以上示范基地 50 余处。

金寨把旅游业作为绿水青山和金山银山的结合点，立足得天独厚的生态资源，突出全域打造，金寨旅游影响力日益扩大，美誉度日益提升。2019 年 1—6 月，全县共接待游客 580.26 万人次，创综合收入 21.44 亿元，分别同比增长 20.09% 和 15.7%。

茶旅融合基地

天堂寨

安徽省宣城市绩溪县

绩溪在获得首批“国家生态文明建设示范县”称号之后，突出“对标沪苏浙、争当排头兵”主题，全面提升生态文明建设水平。

2019 年，绩溪打响了创建“绿水青山就是金山银山”实践创新基地“号令枪”，重点实施绿水工程、青山工程、蓝天工程、净土工程、科技工程“五大工程”，守护绿水青山。以聚力发展和培育生态农业、生态工业、生态旅游业“三把金钥匙”，量化绿水青山，创新绿色富民惠民载体。

绩溪着力深化新安江流域生态补偿机制。绩溪是新安江流域发源地，自 2008 年参与新安江流域

五彩乡村（程序　摄）

生态补偿改革实践以来，累计投入新安江流域生态补偿资金和县财政配套资金 11.3 亿余元，并创新在县内部推行生态补偿，确保新安江上游水质连年为优。2019 年上半年，获得新安江流域省级生态补偿资金 2 000 万元，进一步改善新管国控断面的水质，共同打造新安江—千岛湖国家生态补偿机制示范区。

清凉峰

大力推进农村污水设施建设。将农村生活污水治理工作由住建部门调整到生态环境部门牵头，负责协调督促全县加强农村污水处理设施建设，并会同县农水部门建立工作调度机制，按月调度工作进展。2019 年度组织实施 8 个建制村的农村环境综合整治项目，由县生态环境部门按照任务的轻重缓急，督促施工单位倒排进度，坚决打赢农村污水设施建设攻坚战。

锦绣大地

县城全貌

福建省福州市永泰县

示范区

永泰素有“福州后花园”之称，全县处处青峦叠嶂、秀水蜿蜒，森林覆盖率、水质、空气指数均在福建省前列。2014 年，入选国家主体功能区建设试点示范县；2016 年获评国家生态县并入选国家重点生态功能区；2017 年入选国家生态文明建设示范县；2018 年获评“中国天然氧吧”。

在探索生态保护与经济发展的双赢之路中，永泰县先行先试，初步建立起水权 / 林权交易机制、生态环境损害赔偿制度和碳排放权交易制度，完善重点生态区位商品林赎买机制，在福建省率先开展重点生态区位商品林赎买改革，累计完成赎买商品林 2.66 万亩。推进绿色金融体系建设，与福建德化、大田、尤溪、仙游等县检察院签订“环戴云山生态保护司法联盟”协议，建立跨区域生态保护协作机制，创新水资源司法保护模式，在全省率先成立首个“水资源保护巡回审判点”，生态文明体制机制不断健全。

永泰县立足生态资源优势，大力发展林下经济和生态农业，培育了一批龙头企业，建成一批省级农业综合示范基地。通过优化整合山水、古镇、寨堡、温泉等旅游资源，发展全域旅游。2018 年，永泰旅游人数突破千万人次，旅游综合收入 43.9 亿元，顺利实现省级“贫困县”摘帽。

大樟溪

望洋乡

天池草场

福建省厦门市海沧区

示范区

海沧环境质量连续多年稳居厦门全市前列，生态环保目标责任制考核全市“三连冠”，2017 年荣获首批“国家生态文明建设示范区”荣誉称号。

着力经济发展“高素质”。海沧区高新技术企业数从 2015 年的 98 家跃升至 2018 年的 162 家；高新技术产业产值占规模以上工业总产值比重从 2016 年的 52% 跃升至 2018 年的近七成。生物医药和新

蓝色海湾

材料产业规模工业产值在2018年均实现17%的增速。全区重点行业企业实现减排50%以上。2018年远海集装箱码头每万标箱的综合能耗指标较2015年降低50%。营商环境指数参照2019年世界银行评估标准，排名相当于全球190个经济体中第23位，较2017年上升15位。

绘就生态环境“高颜值”。小流域治理成为国家、省、市工作样板，全区空气质量逐年提升改善。2018年空气质量综合指数2.92，空气质量优良天数比率98.9%，$PM_{2.5}$年均浓度22微克/米^3。积极推进湿地生态修复等湿地保护工程，实施海沧湾岸线整治及生态修复工程。

提升人民群众获得感。全区污水纳管率达90%以上，城镇污水收集率100%，村庄生活污水治理全覆盖。建成区垃圾分类覆盖率达100%。加快培育特色民宿和美丽乡村建设，一半乡村获得“美丽乡村”称号。2018年全区公众环境质量满意度全市第一。2019年上半年，有关信访投诉量同比下降了25.96%。

福建省三明市泰宁县

猫儿山

泰宁是一个闽西北山区小县，被誉为全国最绿省份的最绿县份之一。泰宁始终把生态文明建设和绿色发展摆在突出位置，擦亮生态底色，从而拥有一流的空气、一流的水质、一流的人居环境。

为了守好“生态功能保障基线、环境质量安全底线、自然资源利用上线”三大红线，泰宁县先后划定占全县面积45.75%的生态保护红

大田溪安全生态水系工程

线，建立的各类保护区域占整个县域面积的 71%。

泰宁县把旅游业作为生命产业，把生态作为泰宁旅游的基础和卖点。打好生态牌，就打好了旅游牌。数据显示，2019 年上半年，泰宁共接待游客超 213 万人次，同比增长 21.14%。以旅游为主的第三产业超全县 GDP 的 1/3，旅游收入在农民纯收入构成中占 1/4，旅游从业人员占全县总劳动力的 1/5，旅游带动脱贫人口占全县脱贫人口总数的 35%。

1988—2018 年，泰宁每年的游客人数从 2.4 万人次增至 553 万人次，旅游收入从 108 万元增至近 23 亿元，分别增长了约 230 倍和 2 100 多倍。

峨嵋峰国家级自然保护区

大金湖

福建省泉州市德化县

示范区

九仙山雾凇

湖坂村

作为“九山半水半分田”的山区县，德化坚持生态立县、建设现代化绿色瓷都的可持续发展战略，在布局、能源、战略三个方面融入生态、融入自然，大力发展生态产业，推动“生态产业化、产业生态化”，逐步实现生态效益和经济效益双赢发展。

德化是我国古瓷都之一，20世纪80年代，陶瓷业村村点火、户户冒烟，造成了资源浪费和环境破坏。为科学合理布局产业，处理好经济发展与环境保护的关系，县委、县政府决定实施“聚集策略”和“大城关”发展战略，在城关建设陶瓷产业园区，推动产业连片发展，促进了生产要素向城关大转移、人口向城关大集中。目前，城关两镇集中了全县大部分的陶瓷企业和全县2/3以上的劳动力、经济总量、税收以及91.5%的中小学生。加之第二、第三产业发展的吸引，城区人气高涨，经济发展活跃，产业劳动力得到满足，进而带动就业，GDP 保持高速增长，同时农村广袤的农区和林区得以休养生息，生态得以保护，森林覆盖率迅速提高，积累了宝贵的生态财富。

德化还充分利用自然保护区、风景名胜区、森林公园等资源优势，着力把广大农村变成“白墙黑瓦，绿树成荫，设施配套，天蓝水清，和谐宁静”的绿野仙境，全县游客接待量和旅游收入每年以 30% 的高速度增长。

戴云山国家级自然保护区

德化南埕漂流

福建省龙岩市长汀县

示范区

长汀在2017年被同时命名为第一批国家生态文明建设示范县和第一批“绿水青山就是金山银山”实践创新基地。获此殊荣后，长汀县认真探索实践，努力在新时代新的起点上打造“长汀经验”升级版。

长汀曾是我国南方红壤区水土流失最为严重的县份之一，水土流失面积占国土面积的近三分之一。长汀人民大力弘扬革命老区光荣传统和“滴水穿石、人一我十”的精神，实现从荒山到绿水青山的转变，森林覆盖率从58.4%提高到79.8%，全县水土流失面积由1985年的146.2万亩，减少到了2018年底的36.9万亩，水土流失率从31.5%降为7.95%。

长汀健全“河长、河道警长、河长办+河道专管员、保洁员、打捞队伍”的“3+3河长制”组织体系，县域水质稳步提升。2018年以来全县主要流域Ⅰ～Ⅲ类水水质达标率100%，饮用水水源地水质达标率100%。

长汀加强重金属污染防治，规范废物处理处置活动，防治农业面源污染，优先保护质量较好的耕地和园地，2018年农药、化肥使用量同比减少3%以上。

全县持续实施生态公益林补偿机制，推广林草、林茶、林药、林果、林竹等产业发展模式，成立农民专业合作社120家、家庭农场430多家，年产值突破27亿元。

新桥镇曲凹

县城风貌

江西省宜春市靖安县

示范区

靖安地处赣西北，被誉为长江中游城市群“绿心”。近年来，靖安县通过强力推进生态保护，生态优势更加巩固，全县森林覆盖率由 79% 提高到 84%；集镇生活污水处理率达 90% 以上，出县交界断面水质达到Ⅱ类标准；$PM_{2.5}$ 年均浓度为 21 微克 / 米 ^{3}。2018 年，全县有机农业产值占农业总产值比重达 89.5%；绿色低碳工业企业主营业务收入占规模以上工业企业主营业务收入比重达 75.4%；旅游业综合收入达到 53.6 亿元，同比增长 21.3%。2018 年，靖安“绿水青山就是金山银山”实践创新经验在新华网头条刊登。

靖安打造了江西省第一朵“生态云”管理平台，实时展示生态文明建设情况。全县实施了“垃圾

仁首周口茶园（李强　摄）

不落地”“污水不入河”“黄土不见天”等工程；主动将木材砍伐量从14万方缩减至目前不到3万方，主动关停木竹加工企业200多家；全面完成了县城集中式饮用水水源地环境整治工作，国考、省考等主要河流断面和县城饮用水断面水质达标率连续多年均为100%。

靖安把县城作为第一景区来打造，按照“江佑民风、山水禅韵”风格，完成了城南主要街道和立面改造升级。以创建省级文明城市为抓手，加快智慧城市、海绵城市建设，打造一批精美村庄和美丽示范农户庭院，让天更蓝、水更清、山更秀、群众幸福感更强。

三爪仑国家森林公园

北清河风光

江西省抚州市资溪县

示范区

资溪县地处江西省东部、武夷山脉西麓。近年来，资溪县委、县政府坚定实施“生态立县·旅游强县·绿色发展”战略，以生态文明为主线，奋力推进秀美、和谐、智慧、幸福、纯净资溪建设。生态环境质量持续位居全省前列，先后荣获“全国森林旅游示范县”“中国天然氧吧”“2018 中国最美县域”等称号。

生态旅游大提升。打造“1+4+N”全域旅游发展格局，创新公司化管理、实体化运营、市场化运作、资本化发展的“四个化”运作模式，“纯净资溪”品牌影响力进一步扩大。大觉溪被授予全省首个“省级乡村旅游综合发展示范区”，“真相乡村”被评为“省 5A 级乡村旅游点”。

九龙湖

低碳工业大突破。立足产业基础，明确主攻方向，打造“一园三区”低碳工业发展格局。依托生态资源，打造全省首个现代竹科技产业园。探索“大型产业链＋大型冷链＋品牌连锁”资溪面包发展新模式，打造面包食品产业城。

农旅发展大融合。加快构建“1核4区”有机休闲农业总体布局，优先布局有机农业、设施农业和观光农业，新建高标准农田实现100%流转。

秀美城乡大统筹。一体推进城乡管理，建立了以生态公益诉讼、生态环境损害赔偿为主要内容的环境诉讼机制，以及“河长、林长、湖长＋警长”的生态综合执法机制。

大觉山漂流

御龙湾景区

江西省上饶市婺源县

示范区

被誉为“中国最美的乡村”的婺源，坚持把人民群众对美好生活的向往作为最大的民生追求，保护与建设并举，城镇与乡村并进，提升城乡生态宜居环境。

婺源把全县作为一个大景区来谋划、建设和管理，“多规合一”统筹城乡开发，编制了最美乡村建设行动规划，2020 年前达到全县所有自然村全覆盖。累计投入资金 4.5 亿元，完成 870 多个新农村建设点，投资 1.2 亿元完成 29 个美丽乡村建设。

下坦村

围绕“最美乡村也要有最美县城”目标，坚持以生态文明为导向的新型城镇化建设，致力将城区打造成婺源的窗口和门户。累计投入 3 亿元完成以“净化、美化、绿化、亮化”为主要内容的城区主干道景观提升工程。

追求“一个村落就是一个景点、一条通道就是一道风景”。维护人与自然和谐相处、绿水青山和粉墙黛瓦交相辉映的美丽画卷，推进 427 个秀美乡村点和高品质示范村点建设，涌现出一批特色景观村。

做大“一朵花”。油菜种植面积 12 万亩，赏花高峰期接待游客 537 万人次，带动旅游综合收入 39 亿元；发展皇菊种植面积 2 000 余亩，年产值 4 000 多万元。

做强“一片叶”。发展茶园面积 19.2 万亩，婺源有机绿茶连续 20 余年占据欧盟市场出口半壁江山，茶产业实现系列年产值逾 37 亿元。

古村落

石城秋韵

厚堰庄园

山东省济宁市曲阜市 示范区

曲阜围绕建设“东方圣城·首善之区”，坚持“生态兴市”战略，全面推进生态文明建设，加快构建环境优美、产业繁荣、城乡一体的绿色发展格局，走出了以生态文明建设引领经济社会转型发展的新路子。全市 9 个涉农镇街成为国家级生态镇，2 个涉农镇街成为省级生态镇，全市 80% 的行政村成为济宁市级以上生态村，打造成国家级生态镇街群。2018 年曲阜市县域生态环境质量考核位居全省前列。

以治企、减煤、控车、抑尘为重点，全力实施大气污染综合整治。对建材、铸造等行业实施提标改造，实施燃煤机组（锅炉）超低排放改造，实行“车、油、路”协同控制，综合防控机动车污染。

严禁有损生态功能、对生态环境有污染影响的开发建设活动。创新环境监管手段，利用网格化环境监管、企业在线监测等功能，实现科学化、信息化环境监管，确保一线环境问题得到及时解决。

深入实施新旧动能转换重点工程，化解过剩产能，淘汰落后产能，培育发展高端高质高效产业，推进经济结构、产业结构优化升级。加强节能技改投入，实施在建、投产节能技术改造项目 13 项，年实现节约标煤近 5 500 吨。大力发展现代生态企业，信息产业、汽车零部件产业、生物医药产业等项目纳入济宁市级新旧动能重点项目库。

凤凰山

明故城

天池

山东省威海市荣成市

示范区

党的十八大以来，荣成从生态文明建设破题，使好空气、好环境、好生态成为最鲜明的城市特质。在2017年和2018年有关机构发布的山东省县域创新、协调、绿色、开放、共享发展评价中，综合成绩连续2年位居全省县级第一。

以零容忍态度推进空气质量提升。2018年全市$PM_{2.5}$、PM_{10}年平均浓度分别为24微克/米^{3}和45微克/米^3，远低于国家标准，空气质量综合指数山东省第一。

用全域治理思维推进水污染防治。把海域、水域生态作为一个有机整体来考量，实行综合治理、标本兼治，系统解决污染。坚持用“海绵城市”标准推进雨污分流改造，杜绝了污水直排入河入海。城区污水集中处理率、城镇污水处理率分别达到100%和97.2%。推进农村“厕所革命”，在全省率先实现全覆盖。

用务实管用措施推进土壤污染防治。着眼推动土壤治理形成常态长效机制，研究建立城乡垃圾一体化处理机制，推动城乡垃圾处理“一个标准”“一个体系”“一支队伍”，真正实现了垃圾“不落地”。

荣成市以“节约优先、保护优先、自然恢复为主”的生态建设方针，确立了“多做减法、不做加法”的工作思路，研究制定海岸线、石材矿山等生态修复办法，对“山海”自然资源注重生态“留白”。自然岸线保有率达到60%，林木绿化率达45%。

樱花湖

桑沟湾海洋牧场

河南省洛阳市栾川县

示范区

栾川位于河南省洛阳市西南部，是矿产资源大县，又是生态资源大县，2014 年被环境保护部命名为“国家级生态县”，2016 年获首届“生态文明奖先进集体”，2017 年成功创建国家生态文明建设示范县，2018 年被命名为“‘绿水青山就是金山银山’实践创新基地”。

栾川产业生态化、生态产业化局面已初步形成。全县先后把 180 余家小型钼矿开采企业整合为

5家企业，实现了县域工矿业的集聚发展。全县先后实施了一批矿山开采场、排碴场、尾矿库植被恢复工程，共完成矿山生态治理面积76万平方米，尾矿库生态植被恢复面积355万平方米。通过技术手段回收钼尾矿中的金属和非金属，使尾矿资源利用达到了最大化，钼钨企业常年保持超10亿元的利润空间。

栾川县坚持“旅游富县”战略，充分利用丰富的旅游资源，开展全域旅游建设。目前，已发展AAAA级以上旅游景区8个，旅游乡村45个，2018年全县接待游客突破1 400万人次，实现旅游总收入87亿元，以旅游业为主导的服务业增加值占GDP比重已达40%。

栾川县不断开展国土绿化和生态修复工作，累计投入财政资金11.72亿元，每年绿化面积均在2万亩以上。通过林业产业体系建设，全县森林覆盖率为82.7%，森林蓄积量达到1 890万立方米，均居河南省首位。

湖北省荆门市京山县 示范区

虎爪山国家森林公园鲤鱼垱景区

虎爪山国家森林公园一角

京山围绕争创湖北县域发展新的增长点和生态文明建设走在湖北最前列的奋斗目标，坚持生态立县战略不动摇，2017 年荣获第一批“国家生态文明建设示范县”，2019 年集中建设“绿水青山就是金山银山”实践创新基地，全县主要经济指标增幅一直高于全省平均水平。

遵循空间均衡及自然资本、自然价值理念，科学布局生态空间，严格生态区保护。2016 年京山县被评为“全国国土资源节约集约模范县”。2017 年 7 月，勘界落实生态保护红线区块 22 处，进一步强化 100 万亩耕地红线保护。

稳定发展现代农业，全力推进智能制造、农机装备制造、汽车零部件制造三个特色园区建设，全县 332 家规模以上工业企业中，就有 145 家实施“机器换人”。京山智能制造产业集群入选湖北重点成长型产业集群，获批国家新型工业化产业示范基地。全县能源消耗总量保持在控制目标值以下，单位工业用地工业增加值达到 83.6 万元 / 亩。

大力建设美丽乡村，坚持原生态、原地势地貌、原文化肌理，不搞大拆大建。按照“串点成线、连线成片、整体推进”思路，推动美丽宜居乡村建设由点到面。

京山县还突破性推进全域旅游发展，连续 5 年被评为湖北旅游发展先进县，并被纳入全省 10 个全域旅游发展示范县创建之列。

秋天的田野（杨晔　摄）

梯田（杨晔　摄）

湖南省永州市江华瑶族自治县

示范区

江华瑶族自治县位于湖南省最南端，把“生态立县”摆在首位，坚定不移走绿色发展之路，持之以恒推进生态文明建设，把一个集“老、少、边、穷、库”于一体的国家级贫困县建成了全国文明县城、国家园林县城、全国绿化模范县、国家重点生态功能区、国家主体功能区建设试点示范县、国家生态文明先行示范区、国家生态文明建设示范县。2018 年完成财政总收入 12.71 亿元，其中 80% 以上财政收入来自规模工业企业的税收，绿色发展渐入佳境。

江华瑶族自治县生态资源非常丰富。森林覆盖率 78.78%，蓝天白云、绿水青山是江华最有价值、最宝贵的财富和资源。县委、县政府始终坚持不以 GDP 论英雄，不以牺牲环境为代价求发展，着力发展绿色、生态、循环产业，确保永续发展。目前，电子设备制造、电气机械和器材制造、条码印刷、新型能源、新型建材、农副产品加工业等高新技术产业快速发展，江华瑶族自治县经开区成功升级为

大锡乡

湖南省高新技术产业开发区，2018 年在湖南省 139 个省级以上园区综合评价中排名第 10 位。2018 年，全县旅游业接待游客约 697 万人次，实现旅游收入 38 亿元。

作为潇湘源头，江华瑶族自治县始终把生态保护、生态治理作为义不容辞的责任，层层签订责任状。近 7 年来，全县在生态文明建设工作中安排的奖励经费高达 200 余万元，对完不成工作任务或工作滞后的单位予以黄牌警告。

江华县大圩农村新貌（曾宪华 摄）

九龙井原始檵木林

广东省珠海市

示范区

香洲

珠港澳大桥

珠海始终坚持发展经济同时保护生态环境，守住了蓝天白云、绿水青山。据统计，珠海的空气质量、人均公园绿地面积、人均污水处理能力等均居全国前列。珠海是我国第一个荣获联合国“国际改善人居环境最佳范例奖”的城市，先后荣获“国家环保模范城市”“国家生态园林城市”“国家卫生城市”“国家级生态示范区”“中国优秀旅游城市”“国家生态市”“国家森林城市”“国家节水型城市”“2017 美丽山水城市”等称号，2017 年被授予“国家生态文明建设示范市”称号。

珠海不断完善以生态文明建设为核心的法规体系，现行有效涉及生态文明建设的相关地方性法规 17 项、政府规章 12 项，为生态文明建设奠定坚实的法律基础。积极实践将生态文明建设规划要求体现在国民经济和社会发展、城市建设、土地利用、主体功能区等规划中，推动“五规融合”。开全国先河，将生态环境状况量化为指数形式，根据各区环境空气、水环境、公众投诉等6项指标情况，综合计算出各区生态环境指数，并每周向公众发布。

珠海实施创新驱动战略，大力发展先进装备制造业和高新技术产业。推进资源节约高效利用，实行最严格水资源管理制度，综合降低单位地区生产总值能耗。强化生态系统保护，推进生态景观林带、森林碳汇、森林进城围城和乡村绿化美化四大生态工程，构建具有珠海特色的绿色生态景观长廊，强化生物多样性保护。

淇澳红树林湿地公园——白鹭

日月贝

大镜山社区公园

广东省惠州市

示范区

惠州将绿色发展作为战略任务之一，提出建设绿色化现代山水城市战略目标，在新的历史起点上对城市发展进行了新定位。

惠州充分借鉴中国传统山水画“大疏大密、疏密有致”的思维，在构建绿色发展新格局时重点突出“城在山水中、产在园区内、人在画中行”的城市山水特色。“大密”集中体现在主导产业、高端产业、创新要素的大密度聚集，“大疏”则体现为“留白留绿”，对近中期不能确定用途的地块以弹性、兼容性功能作定位，更多地留给绿色。全市土地开发强度仅为 10% 左右，为未来发展预留了足够的发展空间。

南昆山

持续加大空气环境治理，在全国

惠州全景图

重点城市空气质量排名中，惠州稳定在全国前十名、珠三角前三名。强力推进江河湖库治污，不让一滴污水流进东江。水环境始终保持稳定优良，东江干流惠州段水质符合国家 II 类水质标准，饮用水水源水质达标率 100%，近岸海域水质全省最优，惠州“河清、海晏、湖美、惠民城”的水生态文明建设目标初步实现。

蓝田瑶族风情园

统筹开展农村污染治理，推进生态示范创建工作，全市共创成国家级生态镇 6 个、省级生态县区 3 个、省级生态镇 53 个、市级以上生态村 1 057 个，省级生态镇和市级以上生态村占比超过 80%，村镇环境保护水平不断提高。

罗浮山

双月湾

广东省深圳市盐田区

示范区

大梅沙愿望塔

盐田港

在寸土寸金的深圳，盐田生态控制面积占总面积的68%，森林覆盖率高达65.67%，建成区绿化率达45.53%，是名副其实的“生态大区”。区内19.5公里海岸线被誉为“中国最美八大海岸”之一，是一座“小而精、秀而美”的滨海城区。

2013—2018年，盐田区环境空气优良率由92.9%上升至98.7%，$PM_{2.5}$年均值由36微克/米^{3}下降至22.4微克/米^3，连续4年优于欧盟标准；辖区内无黑臭水体，主要河流盐田河达到地表水Ⅱ类及以上标准，连续12年保持河流、近岸海域、饮用水水源水质100%达标。

盐田在全国首创生态文明碳币服务平台，创新构建生态文明全民行动机制；发布国内首个城市GEP核算技术规范，城市GEP核算体系获“中国政府创新最佳

海滨栈道

大小梅沙

实践奖”；垃圾减量分类及餐厨垃圾处理项目获得该领域首个“中国人居环境范例奖”；公共自行车慢行系统、危险边坡及建筑挡墙远程监测预警系统、空气环境质量提升体系项目等荣获“广东省宜居环境范例奖”。

盐田人均公园绿地面积24.09平方米，建成绿道总长度253千米，密度全市第一。实施公共自行车系统升级改造，打造了国际一流的绿色慢行系统。

广西壮族自治区南宁市上林县

示范区

“山清水秀气纯净，土肥光媚人长寿”，是对上林最精准的诠释。

上林紧紧围绕“生态为本，绿色崛起，旅游兴县，共享小康”目标，以钉钉子的韧劲全面开展生态文明建设和生态环境保护工作，走出了一条“青山常在、清水长流、空气常新”的绿色发展之路，被评为“世界长寿之乡”“国家生态文明建设示范县”“广西特色旅游名县”“国家全域旅游示范区创建单位”“国家卫生县”。

始终着眼民生福祉，不断加大环保民生投入。近 3 年来，上林县共投入 11.7 亿元，用于实施全县污水与垃圾治理项目及城镇化建设项目。

七彩田园（蒙成穗　摄）

坚持精准发力。制定了《上林县生态文明建设规划》，出台了《上林县环境监管网格化管理办法》等制度，落实"河长制"，划定生态保护红线，在自治区率先开展生态保护红线勘界定标试点工作。

生态环境保护成效显著。2016—2019 年，上林县集中式饮用水水源水质达标率均为 100%，达到或优于Ⅲ类；PM_{10}、$PM_{2.5}$ 年平均浓度持续下降，环境空气优良率保持在 95% 以上。

创建工作全面稳步推进。目前共有 1 个国家级生态乡镇、9 个自治区级生态乡镇、25 个自治区级生态村、131 个南宁市级生态村，市级生态村的创建率达 100%。

高山草原（黄云清　摄）

东红美景（覃兆学　摄）

重庆市璧山区

示范区

绿色是璧山的底色，坚决保护绿色则是璧山区委、区政府的庄严承诺。党的十八以来，璧山实施“生态优先绿色发展”战略，借力生态创建，激活生态资本，走出一条绿色发展之路。

璧山不断加大生态环境保护力度，统筹推进生态文明建设。在全市率先全面开展水库、精养鱼池达标整治。积极开展土壤污染防治，严格保护生态空间。大力实施城乡垃圾收运一体化精品工程，农村垃圾治理率和城镇生活垃圾无害化处理率达到 100%。

璧山在“绿”上的成功，是坚持以工匠精神和绣花功夫持续推进“秀美绿城”“活力水城”“文化

观音塘湿地公园

古城”建设的结果。坚持沿道路打造城市“绿廊”，城市公共绿地超过 1 900 万平方米，人均公园绿地面积 29 平方米。按照“20 分钟步行半径”建设城市公园，区内多个主题公园建成和投运。

盐井河水库

采取“行业限制 + 区域限制”的方式，在全市较早形成严控 23 类项目的环保“负面清单”。完善刑责治污联动机制，建立健全涉刑环境违法案件移交机制和重大敏感环境污染案件检察院全程参与的执法监督机制。

以建成“新型工业化示范区”为目标，按照“绿色、环保、低碳”标准打造 30 平方千米生态工业园，国家级高新技术产业开发区花落璧山，并获评“国家智能化工业示范园区”。

金堂水库

四川省成都市蒲江县

示范区

朝阳湖

蒲江位于四川省成都平原西南部，是进藏入滇的咽喉要道，是成都平原西南部最具规模的生态屏障之一。蒲江始终坚持“生态经济立县、绿色产业富民”的发展思路，以“绿色化 +”为发展路径，全力建设美丽蒲江、绿色典范。

编制了四川省首个丘陵地区生态文明建设规划，确立了“绿色化 +”发展路径。编制了四川省第一个县级环境功能区划，将国土空间划分为自然生态、农村环境和城镇环境功能小区，明确了各个功能区的主导环境功能、环境质量目标、管控措施和环境准入负面清单，实现了环境保护分区精准化管控和分类精细化管理。在四川省启动了首个自然资源资产负债表编制工作，为高质量发展提供科学决策依据。

加大川西林盘保护与修复，实施封山育林、退耕还林、天然林保护、水源涵养等工程。强化自然生态系统和生物多样性保护，加强对现有天然林特别是马尾松林的保护。

倾力打造有机农业，突出发展茶叶、柑橘、猕猴桃三大主导产业，建成国家有机产品认证示范县，正在创建国家现代农业产业园和国家有机食品生产基地建设示范县。加速发展生态工业，不断提升绿色产业发展能级。2018 年，实现全口径工业增加值 70.92 亿元，同比增长 14.8%，占 GDP 的比重达 46.7%。

蒲江县城

美丽乡村

贵州省贵阳市观山湖区

示范区

百花湖（杨小俊 摄）

观山湖作为贵州省省会贵阳市的生态区、现代都市功能区和生态文明贵阳国际论坛的永久举办地，始终将生态文明建设作为立区之本、发展之基、民生之需。半城山水满城花，具有观山湖特色的大生态格局正在成型。

党的十八大以来，空气质量优良率从 80% 逐年提升到 98%。集中式饮用水水源地水质达标率 100%，地表水达标率 89%。森林覆盖率从 43% 提高到 45%，人均公园绿地面积达到 23 平方米。新建各类公园 59 个，公园总数 172 个，真正实现“300 米见绿、500 米见园”的目标，让广大人民群众共享生态红利。

坚持生态化、高端化的方向，大力发展绿色产业，三次产业结构调整为 2018 年 1.71：36.9：61.39。2018 年地区生产总值完成 207.07 亿元，同比增长 11.6%。

统筹推动“多规合一”，创新推行“政府河长 + 民间河长”协作的“双河长”机制、林地保护“占一补一”机制，全面实施环境污染第三方治理，开展公众及第三方参与全区生态环保监督，组建生态环保巡查队，实现全区河、湖环境公众生态监督全覆盖。

实施全区生态示范区、镇、村“三级”同创工作，完成国家级生态乡镇创建 1 个、省级生态镇 2 个。完成生态文明工业园区创建 1 个、生态文明示范企业 6 家、生态文明绿色社区 9 个、生态文明村寨 27 个、绿色学校 104 所。

明镜彩虹映观山（刘瑞阳　摄）

百花源（李贵云　摄）

贵州省遵义市汇川区

示范区

泗渡镇美丽乡村

泗渡镇苗寨鸟瞰

党的十八大以来，汇川坚持实施生态农业、生态工业、生态旅游业和生态环境保护、社会进步等一系列重点工程项目，扎实有效地推进了生态文明建设。

坚持发展生态工业。坚持生态为先，严格环境准入，新、改、扩建项目实行产能等量或减量置换，支持企业开发低碳技术和低碳产品，做大绿色产业。高坪工业园、航天高新技术产业园、外高桥工业园先后荣获“国家新型工业化产业示范基地”“国家低碳工业园（试点）”“国家循环化改造示范试点园区”等荣誉。坚持发展生态农业。坚持“城郊型、科技型、效益型、带动型、生态型”农业发展定位，突出具有区域优势和山地特色的生态蔬菜、精品水果、花卉苗木、特色烟叶，稳步发展山地畜牧业，引导发展中药材等农业主导产业。全区主要农产品中有机、绿色及无公害产品种植面积的比重达 75.16%，规模化养殖场粪便综合利用率达 97.55%，秸秆综合利用率 95.1%。

坚持发展生态旅游。大力推进美丽乡村建设，成功打造一批冠以“生态”的美丽乡村示范点。结合农村环境综合整治，以农村污水治理湿地建设为契机，打造农村湿地公园。鼓励发展有特色的农家乐。依托农村地区原生态的自然景观、蔬菜基地、休闲果园等特色资源，建设农业观光园。

泗渡镇松江苗寨

高坪河董公寺小岛渔村段

云南省西双版纳傣族自治州

示范区

西双版纳拥有良好的生态环境和独特的气候条件，是我国生物多样性聚集区、物种基因库，是全球 25 个生物多样性保护热点地区之一。在这片仅占全国五百分之一的土地上，有动物 2 000 多种，占全国的四分之一；有高等植物 5 000 多种，占全国的六分之一。

西双版纳州始终坚持把良好的生态环境作为生存之基、发展之本，把“生态立州”列为全州经济社会发展战略之首，走出了一条具有西双版纳特色的生态文明建设之路。

全州 31 个乡镇全部命名为省级生态乡镇，其中 26 个乡镇为国家生态乡镇。2017 年荣获第一批

生态村的秋意

“国家生态文明建设示范州”称号。

天然氧吧——西双版纳

全州12个主要河流断面水质达到或优于Ⅲ类水质的比例始终保持在100%，中心城市环境空气质量优良率达97%以上，全州的天然林面积达到98万多公顷，森林覆盖率达80%以上，野生动物种群数量不断增加，重点保护的亚洲象数量由20世纪80年代的170头增至近280头。

发挥自治州立法优势，制（修）定颁布了《州环境保护条例》《州森林资源保护条例》《州自然保护区管理条例》《州野生动植物保护管理条例》《州古茶树保护条例》等一批具有地方特色的环境保护法规，进一步建立健全了生态文明建设法律体系。

村寨风光

云南省昆明市石林彝族自治县

示范区

石林位于昆明市东南部，境内石林风景名胜区是世界自然遗产、世界地质公园，是首批国家级重点风景名胜区和国家 5A 级旅游景区。石林是“中国天然氧吧”，环境空气质量优良率达到 100%，是国家卫生县城、全国文明县城，更是国家生态文明建设示范县。全县涉农行政村全部创建为市级以上生态村。

石林围绕生态文明建设总体要求抓实产业转型升级和经济结构调整。在农业生态转型方面，精心打造生态农业品牌，建设综合性高科技生态农业示范园区，杏林大观园、万家欢蓝莓庄园等一批高原特色现代农业示范企业蓬勃发展。在生态工业方面，以生态工业集中区为重点，建成了全省首个“燃

石林

巴江

黑龙潭水库

煤零消费工业园区”，实现了清洁能源全覆盖。在推进全域旅游方面，把绿色生态环境作为旅游业可持续发展的重要基础，形成了产品丰富多元、省内外客源结构有益互补、全域旅游集聚的新格局。

石林充分发挥生态基础和资源优势，以提升旅游品质为引领，以夯实生态保障为基础，探索积累一批具有石林特色的生态建设保护模式。在喀斯特地貌生态保护与建设方面，创新了景区生态保护模式，建立了旅游反哺机制，每年投入以旅哺农专项资金 1 000 万元，作为保护区范围内农户的生态补偿资金，形成生态建设和旅游发展相互促进、相辅相成的保护模式。

西藏自治区林芝市巴宜区

示范区

作为林芝市政府所在地，享有“绿色宝库”之称，巴宜坚持把保护生态作为重大政治任务，全力守好生态安全屏障，全区生态保护红线分布面积占区域国土面积比例达 74.7%。

尼洋河秋色

巴宜大力发展节能环保、新能源等新型产业，积极推动农牧户太阳能覆盖工程，促进“薪柴替代”，减少森林植被采伐，最大限度降低群众生产生活对生态环境的破坏。

全区建立完善了“村、乡收集—区运输—市处理”的城乡生活垃圾收运处置体系，实现辖区内污水处理率、城镇生活垃圾无害化处理率、重点企业污染物排放达标率均达到 100%。

巴宜把生态环境保护与脱贫攻坚有机结合起来，优先把有劳动能力的贫困群众就近就便转成护林员、自然保护区管理员、环境保护监督员，全区设立生态岗位达 2 800 多个，实现年人均增收 3 500 元。近年来，全区累计兑现森林生态效益补偿金和草原生态保护补助奖励资金 3 350 多万元，群众享受到越来越多的绿色福利。

巴宜利用独特的气候和资源优势，大力发展绿色饮品产业，鼓励研发以青稞、荞麦、虫草、红景天、苹果、核桃等本地资源为原料的高原特色绿色饮品和保健品，扩大乳制品、啤酒、矿泉水生产规模，打造了一批知名品牌，成为国际生态和民族民俗旅游名城、全国热门旅游休闲目的地。

鲁朗花海牧场

陕西省宝鸡市凤县

示范区

凤县位于陕西省西南部，地处秦岭腹地、嘉陵江源头，境内生态优美、资源富集、产业发达，是花椒之乡、林麝之乡。

2018 年，凤县森林覆盖率达 80.04%，城镇污水集中处理率 89.89%，生活垃圾无害化处理率 99.31%，单位生产总值能耗 0.488 吨标准煤 / 万元，万元生产总值能耗降同比低 4.48%。全年空气质量Ⅱ级及以上优良天数达到 340 天，位居宝鸡市第一，地表水水质合格率达到 100%。

在凤县这座传奇小城里，处处洋溢着“绿色发展转型突破”的奋进主旋律。保护生态，成为当地坚持多年的重大工程。

凤县突出新型化、集群化，做生态工业转型升级文章，以新型材料、装备制造业和植提产业项目

凤凰湖

为重点，统筹推进项目集中布局、政策集成配套、产业集群发展、资源循环利用；突出品牌化、市场化，做生态旅游提质增效文章，推动全县乡村旅游与田园综合体、休闲旅游等融合发展，创建长寿文化之乡，打造西北知名乡村民宿旅游品牌；突出特色化、融合化，做生态农业增收增效文章，78% 的农产品转化为旅游商品，全县高山无公害蔬菜种植面积达 8 万多亩，花椒留存 4 500 万株，中药材留存 3 万多亩，林麝存栏量突破近 1.8 万头。2018 年全县旅游综合收入 63 亿元，成为推动县域经济转型的战略支撑。

紫柏山

凤县秋韵（张新华　摄）

甘肃省平凉市

示范区

平凉获得第一批国家生态文明建设示范市命名后，不断深化创建内容，在“绿”底色上做“增收”的大文章，通过发展生态经济，打通“绿水青山就是金山银山”的转换通道，让群众分享生态变化带来的绿色福利。

平凉地处黄河中上游泾渭河流域核心区，干旱少雨，水土流失严重，生态环境脆弱敏感。230万平凉人唯有与这方水土友好相处，才有家园的欣欣向荣，才有生活的幸福安康。

平凉是国家划定的全国优质苹果最佳适生区之一，发挥这一天然区位优势，平凉实施经济林和生

庄浪县梯田建设

态林同步发展，因地制宜，宜林则林，宜果则果，实施苹果适宜区全覆盖战略，每年新植补植果树经济林20万亩以上。苹果产业已经成为全市脱贫攻坚和农民增收的重要支撑，全市苹果总面积达到256万亩，果品年产量197万吨，产值80亿元，农民人均果品纯收入2 817元。林果产业在兴果富民的同时，又守护了绿水青山。

山绿了，天蓝了，空气清新了，良好的生态为平凉发展生态旅游打下了基础，游客随之越来越多。平凉市打造了以崆峒山—大云寺以及古灵台、龙泉寺、莲花台、云崖寺、成纪古城为核心的旅游产业体系。全市每年接待游客约2 000万人次，综合旅游收入达到上百亿元。

崆峒山国家级风景名胜区

朝那湫（前湫）

崆峒水库

青海省海东市湟源县

示范区

扎汉

黄海渠梯田

湟源，湟水之源，生态地位非常突出。

湟源是青海东部农业区与西部牧业区、藏文化与汉文化的结合部。为了守好这道生态屏障，湟源县牢固树立“绿水青山就是金山银山”理念，不断加大生态环境保护力度。全县森林覆盖率达到41.38%，湟水河出境断面水质稳定达到Ⅱ类水体功能要求，空气优良率稳定保持在85%以上。

湟源连续6年实施“微绿化”工程，县城建成区绿化覆盖率保持37.5%以上。高标准推进31个高原美丽乡村建设，农村环境综合整治高效推进，农村污水处理走在全省前列。

全县积极发展生态农业，开发马牙蚕豆、胡萝卜等有机食品、绿色食品和无公害农产品。大力推行测土配方施肥和农药减量增效技术，促进农业生产清洁化，成功入选全省唯一的化肥农药减量增效试点项目整县推进县。胡萝卜、青蒜苗通过国家地理标志农产品认证，

“循环农业产业园”通过全省首批省级产业园认定。成功创建第一批“全国畜牧业绿色发展示范县”，成功入列全国首批农村一二三产业融合发展先导区。

湟源坚持生态惠民、生态利民、生态为民导向，日月山、丹噶尔古城、大黑沟森林公园等一批生态旅游景点建设稳步实施，绿水青山正在成为群众增收的金山银山。

俯瞰湟源县城

东科寺

东峡

西石峡

新疆维吾尔自治区伊犁哈萨克自治州昭苏县

示范区

昭苏绿湖

享秋

昭苏把成功创建国家生态文明建设示范县作为新起点，推动生态环境保护和生态文明建设再上新台阶。

实行最严格水资源管理制度，2018年各级河湖长分期分批开展巡河将近800次，严控用水总量、用水效率、水功能区限制纳污“三条红线”指标，县域特克斯河水质常年保持在Ⅱ级以上。

持续落实农药化肥包装废弃物实名登记、回收制度，禁批探矿采矿项目，2018年依法关停煤矿2家，2019年对18家闭坑矿山和政策性关停的砂石粘土矿进行恢复治理。

推进农村垃圾、生活污水处理、卫生改厕建设和管理，2018年共清理垃圾、牲畜粪便800余吨。加强境内

昭苏天马（刘成刚 摄）

夏塔古道国家森林公园、特克斯河特有鱼类种质资源等各类保护区的监管和保护，2018年造林5 000亩，种植灌木约200万株。

通过发展现代马产业，建成集育种培育、观赏游乐、竞技赛事等为一体的天马旅游文化产业园。开辟了慢交通观光道路网络，建成12条全域旅游精品大环线。做优马铃薯、大蒜、郁金香、中药材等特色产业，无公害、绿色、有机食品占农田总面积的72%以上，被列入首批“国家全域旅游试点示范区”，荣获“全国休闲农业与乡村旅游示范县”。

河谷

秸秆回收

第二批

国家生态文明建设示范区

山西省运城市芮城县

示范区

芮城位于晋秦豫三省交界，是黄河母亲拥在臂弯里的一方热土，面积 1 176 平方千米，人口 40.6 万。芮城是黄河文明的重要源头，是最早被称为“中国”的地方，也是道教祖师吕洞宾的故乡，传统文化和优美生态融合互动，和谐发展，演绎着“天人合一”的优美篇章。

2006 年，县委、县政府审时度势，提出了“以创建国家级生态文明县为抓手，走生态文明之路”的发展战略，在山西省率先践行“绿水青山就是金山银山”的安吉模式。2006 年以来，历届县领导班子秉持“功成不必在我，久久为功”的理念，一任接着一任干，一张蓝图绘到底，坚定不移地以生态文明引领县域经济社会转型发展，形成了“理念先行、红线严控、城乡提质、项目支撑、绿色发展”的生态文明建设新模式，生态产业蓬勃发展，工业新型化、农业现代化和城乡生态化全面推进，境内

秋妆（高亚平 摄）

天蓝地绿，山清水秀，环境优美，宜业宜居，人民生活幸福指数节节攀升。

近年来，芮城先后被评为“国家级生态示范区”、全国首批“国家生态文明先行示范区”、“全国光伏领跑技术基地”、“国家全域旅游示范区”、“全国休闲农业和乡村旅游示范县”、“国家生态原产地产品保护示范区”、“国家出口水果质量安全示范区”、“中国最美生态文化旅游名县”等。

生态点靓芮城，幸福人民，美丽中国！

交通枢纽（高亚平 摄）

圣天湖（高亚平 摄）

内蒙古自治区兴安盟阿尔山市

示范区

阿尔山位于中蒙边境，面积 7 408 平方千米，人口 6.8 万。全称哈伦 · 阿尔山，蒙古语意为“温暖而圣洁的泉水”。设有中国阿尔山—蒙古国松贝尔国际季节性口岸，是呼伦贝尔、锡林郭勒、科尔沁及蒙古国四大草原交汇处和森林草原的过渡地带，森林覆盖率 81.2%。先后被评为“世界地质公园”“国家 5A 级旅游景区”“中国气候生态市”“中国温泉之乡”“中国冬季特色旅游度假胜地”等。

“阿尔山自然风光四季都很美”“阿尔山的旅游业一定会火起来”是习近平总书记对阿尔山的深情赞誉和殷切嘱托。阿尔山始终坚持“生态优先、绿色发展”理念，把生态环境保护作为全市“天字号”工程来抓。落实了天保工程和国有林区改革、资源枯竭型城市转型等国家政策，争取各类资金 17 亿

元，用于环境保护与生态治理、公共基础设施建设和棚户区改造。坚决落实习近平总书记提出的“保护生态就是最大的发展”指示精神，将全市辖区面积的85.62%划入生态保护红线，先后实施禁牧退耕、全面禁伐、禁采等生态保护政策，生态环境质量持续优化。深入践行“绿水青山就是金山银山”“冰天雪地也是金山银山”理念，积极发展全域旅游、四季旅游，构筑了以旅游业为主体，以环保型工业和特色农牧业为两翼的发展格局，旅游产业比重高达60%，生态促进旅游产业发展和旅游助力改善民生的作用显著增强。

杜鹃河畔（张金河　摄）

不冻河

吉林省通化市集安市

示范区

集安市位于吉林省东南部，与朝鲜隔鸭绿江相望，面积 3 341 平方千米，人口 23.6 万，是世界文化遗产地、国家历史文化名城、国家级生态示范区、中国优秀旅游城市、国家园林城市、国家卫生城市、国家重点生态功能区。

2016 年以来，集安市深入实施“生态立市”发展战略，立足长远抓谋划，强化措施抓落实，举全市之力推进国家生态文明建设示范市创建工作。坚持高位推动，成立创建工作领导小组，构建了党委领导、政府负责、环保统筹、部门协作、全社会参与的大工作格局。坚持规划先行，高标准编制《集安市国家生态文明建设示范市建设规划》等系列规划，切实将生态文明建设保护贯穿于经济社会发展全过程。坚持资金保障，累计投资 13.9 亿元，实施城乡环境综合整治、“水气土”污染防治、生态修

集安市通沟河饮用水水源一级保护区

复等“百项工程”，城乡面貌显著提升。坚持绿色转型，大力发展健康、旅游、新材料和外经外贸四大产业，不断释放绿色发展新动能。

通过3年创建，集安环境质量显著改善，生态文明建设水平持续提升。目前，森林覆盖率达到81.23%，空气环境质量保持在国家Ⅱ级标准，年空气质量优良天数超过330天，饮用水水源地水质达到国家地表水Ⅱ类水质标准，127个行政村全部完成农村环境综合整治。

江苏省南京市高淳区

示范区

村域整治

农村污水处理工程

高淳地处江苏省会之南，面积802平方千米，人口43万，有着“山水画、长史卷、桃花源、新蓝海”的鲜明特质。长期以来，始终遵循生态发展规律、恪守生态优先理念，把绿色引领摆在经济社会发展的压倒性位置，做好治山理水、显山露水的文章，推动生态魅力与发展活力相得益彰、环境指数与幸福指数互动并进。

深入贯彻习近平生态文明思想，扎实做好保护生态、修复生态、建设生态的基础性工作。深化生态立区战略、加强生态规划管控、强化生态全民自觉，整体构筑了“共抓大保护、不搞大开发”的大框架。

坚持把“山清水秀生态美”作为发展的最大财富，充分挖掘优良生态中蕴含的“产业附加值”，积极构建以“生态+”为主导的现代化产业体系，培育“生态+旅游”“生态+农业”“生态+制造”，探索变“美丽资源”为“美丽经济”的“高淳路径”。

坚持系统治理、精准治理、科学治理，全方位、全地域、全过程保护生态环境，建设生态文明。坚持重拳整治环境污染，全域建设美丽高淳，铁腕守护绿水青山。

把创新体制机制作为生态环境保护的生命线，积极构建源头严防、过程严管、后果严惩的生态文明制度体系。落实生态责任倒逼机制，建立生态红线管控机制，完善生态投入保障机制，为守护一方绿水青山提供强有力的制度保障。

旅游经济

三条垄茶园

桠溪国际慢城

江苏省盐城市建湖县

示范区

建湖地处江苏里下河腹部，素有“水乡明珠”“鱼米之乡”的美誉，是国家级生态示范区、国家级生态县。

以“三化引领”增添绿色底气。推进工业轻量化，建成石油装备、节能电光源两大国家级产业基地，拥有“十三五”江苏省首家获批A1跑道型许可证的通用机场。推进农业生态化，建成全国最大的池塘循环水生态养殖基地，建湖大米、九龙口大闸蟹荣获“中国驰名商标”，被认定为首批国家农产品质量安全县。推进旅游特色化，九龙口景区拥有中国现存最为完好的潟湖型原生态湿地，是国家湿地公园。

以“三大工程”厚植生态底色。实施碧水工程，省考断面优良水质达标率、饮用水水源水质合格率均达100%。实施蓝天工程，空气质量优良天数、$PM_{2.5}$浓度等指标位列江苏前列。实施净土工程，实现土壤环境质量监测点县域全覆盖，污染地块安全利用率达90%以上。

以“三大体系”积蓄秀美底蕴。完善生活环境维护体系，建立生活垃圾收集、河道管护、农路保洁“三位一体”运行机制，生活垃圾无害化处理率100%。完善绿化建设管护体系，建立严格“绿线”

制度，林木覆盖率达 23.6%，城镇绿化覆盖率达 41.5%。完善环境执法监管体系，建立健全覆盖全县的污染监测网络和环境信息公示制度，为生态环境高质量发展提供有力支撑。

九龙口

双湖公园

江苏省常州市溧阳市

示范区

南山竹海

溧阳面积 1 535 平方千米，人口 80 万，现有国家级旅游度假区（天目湖旅游度假区）1 个、省级经济开发区（溧阳经济开发区）1 个、省级旅游度假区 1 个（曹山旅游度假区），辖 10 个镇、1 个街道，先后被评为国家生态市、国家卫生城市、中国优秀旅游城市、世界长寿之乡、全国文明城市。

以人为本，惠民富民，是发展的最终目的，也是生态文明建设最根本的出发点和落脚点。自

“十二五”期末，提前规划生态文明建设，确立创建“国家生态文明建设示范市”目标，围绕六大领域，走“发展幸福经济，实现生态崛起”路子，努力推动经济发展与生态提升的协调、融合与统一，为加快建设经济强、百姓富、环境美、社会文明程度高的新溧阳，努力实现经济可持续发展奠定了坚实的基础。

溧阳市把良好的生态环境作为最普惠的绿色福祉，创新开展“263”专项行动，全力补齐生态短板，大力提升生态品质。积极淘汰落后产能，倒逼企业绿色高效发展，促进资源节约集约。围绕先进制造、高端休闲、现代健康、新型智慧等“四大经济”，全力实施项目带动战略，以优质增量推动产业升级。

得益于“绿水青山就是金山银山”的理念和持之以恒的生态文明建设，溧阳到处花团锦簇。如今，保护蓝天碧水，倡导环保低碳，共建生态溧阳，已成为全体溧阳人共同的心声。

高静园

天目湖湿地公园

江苏省宿迁市泗阳县

示范区

泗阳位于洪泽湖北岸，京杭大运河穿城而过，面积1 418平方千米，水域面积达29.6%，人口107.3万，素有“泗水古国、美酒之都、杨树之乡”之美誉。近年来，以“生态优先、绿色发展”为指引，着力发展生态经济，营造生态环境，建设生态人居，生态文明建设取得显著成效，经济社会发展步入创新驱动、绿色崛起、幸福赶超的新阶段，先后获评“国家生态县”“全国十佳宜居城市”“中国生态魅力县”“全国文明县城”“国家卫生县城”“国家园林县城”等荣誉。

加快优化产业结构，积极发展科技含量高、资源消耗低、环境污染少的工业项目，高新技术产业和新兴产业产值占全部工业比重逐年上升，主要污染物排放和工业能耗水平持续降低。科学编制《泗

生态公园

运河

古黄河湿地

城区公园

阳县生态红线区域保护规划》，划定洪泽湖重要湿地等7个生态红线区域，面积达全县25.6%。构建城乡一体化生活垃圾收运处理、污水收集处理、河道保洁管理、绿化建设管护、环境执法监察“五大体系”，城镇生活污水处理率达95%以上。集中建设镇村污水处理设施，实现生活污水处理设施全覆盖。全力实施蓝天工程，空气环境质量全面达标。优化生态空间布局，构建城区“三横三纵”水系，每个行政村建成50亩以上的农田退水生态净化塘，水环境考核断面全面达标。推进生态绿城建设，年均新增绿地60万平方米以上。坚持共建共享，培育特色生态文化，公众对生态文明建设的满意度达93.7%。

浙江省湖州市安吉县

示范区

高家堂

2005 年，习近平同志在安吉县首次提出“绿水青山就是金山银山”的科学论断。10 多年来，安吉县深入践行“绿水青山就是金山银山”理念，促进生态保护和经济建设的良性互动发展，以美丽乡村建设为载体，风情小镇、优雅竹城联动建设，实现了环境美、产业绿、百姓富的有机统一，走出了一条极具安吉特色的科学发展之路。先后获得全国首个生态县、首批生态文明建设试点县，2017 年荣获全国首批“‘绿水青山就是金山银山’实践创新基地”荣誉称号。

鲁家村

推进生态文明建设“贵”在坚持不懈，“成”在不断创新，“重”在群众参与。安吉立足践行“绿水青山就是金山银山”理念“样板地、模范生”的目标站位，坚持科学转化是关键，克服盲目转化的短视行为，防止自然转化的无所作为，在创新实干上下功夫，研究用好新型工业化、信息化、城镇化的农业现代化和绿色化这五把钥匙，切实转变发展方式，使生态文明建设开花结果；坚持改革创新是保障，进一步完善生态文明制度体系和监管保护机制，再出实招，再出新招，使生态文明建设真正成为各级党委政府的专修课、担当事；坚持全民共建是基础，从青少年、家庭、学校、社区、企业等细胞工程抓起，将生态文明融入到社会各个阶层，内化于心，外化于行，真正形成全社会共建共享的生态文明价值观。

安吉的水

郎村

浙江省嘉兴市嘉善县

示范区

西塘古镇

新泾港

嘉善县位于苏浙沪交界处，毗邻上海。境内一马平川，属典型的江南水乡。历史上因“民风纯朴、地嘉人善”而得名。区域面积506平方千米，人口39万。对这片快速发展的热土，习近平总书记给予亲切关怀，亲自作为联系点调研指导。

近年来，高质量开展污染防治攻坚战、高水平建设美丽嘉善，相继创建国家生态文明建设示范县、浙江省“绿水青山就是金山银山”样本、浙江省“两美浙江”特色体验地、浙江省森林城市，成为杭嘉湖平原地区首个国家生态县和全省第一批生态文明建设示范县。在全省率先建成12369环境监测监控应急指挥中心，智慧环保建设成效明显，环境执法力度位居嘉兴首位、浙江省前列。率先开展“河长制”“湖长制”，实现了37万头生猪养殖“全清零”、14 000多台喷水织机“全淘汰”、159条劣Ⅴ类水体河道“全剿灭”，1 241台高污染燃料锅炉“全拆除”，2016—2017年淘汰2 580家低小散企业。2017年同2012年相比，全县地表Ⅲ类水占比由0提高到71.4%，水源地水质达标率由18%提高到100%。2014年以来，空气优良率保持在80%左右，$PM_{2.5}$均值下降22%。

美丽乡村

站在新时代的起点上，嘉善将始终以习近平生态文明思想为指引，全力推进县域科学发展示范点“四区一园”建设，积极打造具有平原地区特色的生态文明建设嘉善样板。

太浦河长白荡饮用水源保护区

浙江省衢州市开化县

示范区

开化为浙江“母亲河”钱塘江发源地，面积2236平方千米，人口35.97万。森林覆盖率80.9%，生物丰度、植被覆盖、大气质量、水体质量均居全国前10位，是全国9个生态良好地区之一，也是全国17个具有全球意义生物多样性保护关键地区之一。

1997年开化在全国率先确立并实施“生态立县”发展战略。2011年被命名为“国家生态县”，列入全国生态文明建设试点县。2013年编制实施了《浙江省开化生态文明县建设规划（2013—2020）》。2015年获批“国家主体功能区建设试点”，同时入选首批国家级生态保护与建设示范区；2016年2月

长虹台回山（沈光炎 摄）

长虹中山堂茶园（余志明 摄）

23 日，在中央全面深化改革领导小组第二十一次会议上，习近平总书记点赞："开化是个好地方"。

2016 年以来，开化成立了以县委、县政府主要领导为组长的生态文明建设示范县创建工作领导小组，制定创建工作方案，明确责任，狠抓落实。深入实施绿色经济培育、节能减排、"五水共治"、大气污染防治、土壤污染防治、"三改一拆"、深化美丽乡村建设、生态屏障建设、灾害防控、生态文化培育等专项行动，生态环境质量持续优化，城市品质不断提升，美丽乡村魅力彰显，连续 5 年出境水 Ⅰ、Ⅱ类水占比均保持在 95% 以上，空气质量指数（AQI）优良率稳定在 95% 以上，$PM_{2.5}$ 浓度控制在 30 微克 / 米 ^{3} 以内。各项指标和各项工作走在全省、乃至全国前列，生态文明建设取得了新局面。

钱江源（周建云 摄）

芹江（周建云 摄）

浙江省台州市仙居县

示范区

油菜花节（李冬玲 摄）

美丽新区（方建武 摄）

仙居意为“仙人居住的地方”，地处浙江东南部，全县总面积2 000平方千米，人口51.03万。近年来，仙居县委、县政府秉持“绿水青山就是金山银山”理念，扎实开展生态文明建设示范县创建工作，走出了一条经济建设与环境保护“双赢”的发展之路。

2014年，开展仙居国家公园试点，探索区域环境与发展、保护与利用、经济与社会等方面的协调关系；2015年成为全省唯一一个县域绿色化发展改革试点县，全方位实施绿色标准化战略，确立各领域绿色发展的“仙居标准”，制定发布“仙居绿色化发展指标和评价体系”；2015年4月，发布并实施全国首个县级单位生物多样性保护行动计划——《仙居县生物多样性保护行动计划》，出台全国首个国家公园全域禁猎令；2017年10月正式发布全国首个县域自然资源资产负债表，推行领导干部自然资源离任审计制度；2017 年 12 月，荣膺“2017 中国绿色发展优秀城市”。

通过创建国家生态文明建设示范县，全面开展“治水、治气、治土专项行动，仙居县综合实力大幅度提升，环境质量保持优良。近 3 年生态环境质量状况指数均达到 88% 以上，2017 年全县实现生产总值 211.13 亿元，城镇常住居民人均可支配收入 37 127 元，增长 9.0%，提前 3 年实现省委确定的翻番目标。

神仙居地（李建伟 摄）

永安溪环保绿道（洪子根 摄）

浙江省丽水市遂昌县

示范区

遂昌位于浙江省西南部，地处钱塘江、瓯江源头，面积 2 539 平方千米，呈“九山半水半分田”地理格局，是国家重点生态功能区、浙江省重要生态屏障地区、华东地区生物多样性关键区域，生态保护红线面积占全县面积的 31.96%。

近年来，遂昌立足县情，牢固树立“绿水青山就是金山银山”理念，把生态文明建设作为推进产业转型升级、激活县域生态竞争力、提升群众幸福指数总抓手，扬生态之长，做山水文章，兴绿色产业，深入持续推进生态文明建设，2011 年创成省级生态县，2014 年创成国家级生态县，2017 年被认定为浙江省首批生态文明建设示范县，获“美丽浙江建设工作考核优秀县”。

县城全貌

焦滩村

生态环境逐年优化。全县各省、市监控断面、交界断面水质达标率均达到100%，跨行政区域交接断面水质连续5年达优秀等次；全县森林覆盖率高达83.53%，2018年全县空气优良率达98.9%，$PM_{2.5}$均值为25微克/米^3；2016年度生态环境状况指数（EI）高达91.1%，生态环境质量保持全省领先。境内野生大鲵、赤鳞鱼、桃花水母、东方蝾螈、野生猴群等珍稀野生物种频频现身，印证了美丽遂昌生态建设的成果；九龙山国家级自然保护区是华东地区唯一的原始森林，有国家一级保护动物5种、一级保护植物2种，2018年10月还举行了浙西南首次发现黑熊新闻发布会。

高坪杜鹃

浙江省舟山市嵊泗县

嵊泗是浙江省最东部、舟山群岛最北部的一个海岛县。近年来，始终坚持“生态立县”战略，把生态文明建设与蓝色海洋经济发展、特色美丽海岛建设紧密结合，不断完善示范县建设工作体系，全力推进全域污染防治，走出了一条生态环境保护与经济建设共赢的发展之路。

始终坚持协调发展，机制联动推进“制度美”。强化领导，全力推进；科学规划，统筹推进；部门联动，协作推进。始终坚持绿色发展，海陆并举推进“生态美”。积极推进马鞍列岛海洋特别保护区（国家级海洋公园、国家级海洋牧场示范区）建设，全力打好污染防治攻坚战，全面打响蓝天保卫战，加强陆域环境综合整治，持续建设绿色氧吧岛。始终坚持全链创新，产业融合推进“发展美”。生态产业蓬勃发展，民宿产业跨越式提升，新兴产业更趋多元。始终坚持共享发展，人文自觉推进“风尚美”。落实生态文明建设责任，加强生态文明主题教育，加强生态文明舆论监督。

坚持把生态环境作为旅游“第一资源”，在“绿水青山就是金山银山”理念指引下，全面推进美丽生态建设成果加速向美丽经济转化。生态创建促环境提升，以生态为底，精心打造特色美丽海岛。通过构建生态型、组团式现代化岛城框架，城市功能不断完善，微城品位得到提升。生态创建促美丽形象，结合示范县创建，有效巩固国家卫生县城创建成效，扎实开展新渔农村建设工作。

海水淡化

海水养殖

安徽省芜湖市芜湖县

示范区

水韵码头（路坤 摄）

水韵如画（刘明 摄）

芜湖县位于安徽省东南部，长江下游南岸，面积 670 平方千米，人口 35 万，享有“皖江明珠”美誉。近年来，深入贯彻落实习近平生态文明思想，坚持生态优先、城乡统筹、绿色发展，打造“滨水园林生态区、创新创业宜居城”，先后荣获“全国文明县城”、“全国园林县城”、“国家卫生县城”、“国家生态县”等多项荣誉称号。

聚焦共建共享。推进生态文明建设芜湖没有局外人、旁观者，形成“四大班子负责同志齐上阵，各级各部门分工抓落实，广大群众共参与”的生动局面。公众对生态文明建设的满意度达 99.6%。

聚焦融合互促。切实将事关生态环境保护的各项工作相融、互补、共促，实施“三水共治”，开展“四城同创”，推进“河长制”“湖长制”“林长制”全覆盖。

聚焦水绿交融。突出城乡一体、全域发展，做活水文章、增加绿化量，在城区建设“一江串四湖”湿地公园体系，在农村建设沿青弋江、水阳江水系的水利风光带，彰显江南水乡秀美特色。绿化覆盖率达40.4%，集中式饮用水水源水质达标率100%。

隐居官巷

聚焦产业升级。坚持生态、有机、绿色理念，结合发展全域旅游、建设美丽乡村，促进都市型生态农业发展。坚持高端制造、智能制造、绿色制造、精品制造、服务型制造，促进节能降耗，推动转型升级，县开发区入选国家级绿色园区。人民网作出“安徽芜湖县：10年工业增长16倍，依然青山绿水间”的专题报道。

生态怡龙（吕小闽 摄）

安徽省安庆市岳西县

示范区

茶叶飘香

美丽乡村

岳西位于大别山腹地，是镶嵌在皖西南边陲的绿色翡翠。森林覆盖率 76.1%，$PM_{2.5}$ 平均浓度在 30 微克 / 米^{3}以下，负氧离子含量是城市的 10 倍以上，出境水质常年保持Ⅱ类以上，是一座保存发育完好的“天然花园”“物种基因库”。岳西县委、县政府举生态旗，打生态牌，走出一条绿色发展之路。

重规划引领，构建制度体系。成立生态文明建设指挥部，推行“多规合一”，划定并严守生态红线，着力构建生态空间格局。落实产业准入负面清单，建立环境保护“党政同责、一岗双责、失职追责”的制度体系。

强生态保护，呵护绿水青山。坚持以环境质量改善为核心，全省率先推行“林长制”，落实“河长制”，坚持水中问题岸上治，山上问题山下治。大力推进城乡环卫一体化和农村“三大革命”，美丽乡村建设全省先进，生态功能区考核位居全省前列。

突“生态+”产业，打造绿色典范。大力发展大健康、大数据、大旅游三大“首位度”产业。整县推进有机农业发展，列入首批国家有机食品基地建设示范试点县，被誉为“中国有机农业摇篮”。岳西翠兰、岳西茭白、岳西桑皮纸、岳西黑猪获批国家地理标志保护产品。建设国际养生文化产业园、大别山生物多样性保护中心，打造国家全域旅游示范区。岳西将绿水青山当作“第四产业”来经营，保生态促脱贫，贫困发生率降至0.98%，群众满意度达98.02%，在全省率先脱贫。

五彩明堂山

映山红大观园

福建省厦门市思明区

示范区

空中自行车道（黄游新 摄）

作为厦门的中心城区，思明始终坚持将绿色发展理念贯穿全领域、全行业，实施空间优化、产业转型、生态修复、综合治理、社会共治的方略，以“提供优质生态产品，增强人民获得感”为目标，积极践行人与自然和谐共生，努力在生态文明建设示范区工作上走前列、做示范。

习近平总书记在厦门金砖会晤期间盛赞厦门“抬头仰望是清新的蓝，环顾四周是怡人的绿”。作为厦门会晤主会场所在地，思明向全世界展示了高颜值生态花园之城最美的一面，向世人呈现出生态文明建设的颗颗硕果：经过生态修复、整治提升，鼓浪屿成功列入“世界文化遗产”名录；扎实推进“河长制”“湖长制”，创新筼筜湖治理机制，让曾经的臭水湖变成白鹭自由栖息的家园；通过产业转型，脏乱差的厂房华丽转身为清新活力的文创园；将环境要素融入社区书院，官任社区形成“官任模式”，获评国际社区环境教育基地，带动辖区各社区、广大居民参与生态环保的共建共管共享；垃圾分类工作、老旧小区改造获得住建部认可，形成了可推广、可借鉴、可持续的“厦门样本”；绿色交通网络初步形成，全国首条、世界最长的空中自行车道，荣获了住建部2017年“中国人居环境奖范例奖”。

思明区将以习近平生态文明思想为指导，践行“绿水青山就是金山银山”理念，让生态文明之花开得更加炫丽夺目。

思明景色

筼筜湖（王火炎 摄）

福建省泉州市永春县

示范区

东关木桥

永春，古称“桃源”，置县至今已有 1 000 多年历史，面积 1 468 平方千米，人口 60 万，北宋蔡襄盛赞永春“万紫千红花不谢，冬暖夏凉四序春”。

近年来，永春县委、县政府认真贯彻习近平新时代中国特色社会主义思想，牢固树立“绿水青山就是金山银山”理念，巩固提升国家生态县创建成果，从保护晋江源头水源涵养功能和生态屏障出发，突出问题导向，扎实开展生态系统修复、绿色低碳发展、人居环境建设、生态文化保育等专题试验创新，打造“业兴、民富、水清、林绿、景美、韵醇”的全域生态综合体，创建工作取得明显成效。

治出了一泓清水，实现了全域水质均达到国家Ⅲ类标准以上、饮用水水源地水质达标率达 100%，连续两届荣获泉州市小流域“赛水质”考评总体成绩第一。筑起了一道绿林，全县森林覆盖率达 69.69%，绿化程度达到 95%，荣获“全国绿化模范县”称号。扮靓了一片美景，在福建省率先开展美丽乡村建设，建设规范被列入国家标准样板，成为全国农村综合改革美丽乡村标准化试点县，荣获福建“十大醉美县城”称号。带动了一方民富，推动一二三产融合发展，培育一批主题小镇、特色民宿等产业形态，被确定为首批国家全域旅游示范区（全省 9 个）、闽台乡村旅游试验基地。2018 年福建省全省实施乡村振兴战略现场推进会在永春召开。

福建省三明市将乐县

示范区

将乐位于福建省西北部，面积2 241平方千米，人口19万，森林覆盖率达80%以上，是我国南方重点林业县和中国毛竹之乡。境内拥有玉华洞、天阶山森林公园、国家级自然保护区龙栖山等国家级旅游品牌，是福建省重点生态旅游区之一。

1997年4月，时任福建省委副书记的习近平同志到将乐常口村调研时叮嘱县里“山区要画好‘山水画’，扎实抓好山地开发，做好山、水、田文章”。将乐县委、县政府认真按照这一指示精神，牢固树立“绿水青山就是金山银山”理念，全面贯彻落实党中央、国务院各项决策部署，统筹推进“五位一体”总体布局，协调推进“四个全面”战略布局，扎实推进各项工作，生态文明建

龙栖山森林氧吧

深呼吸小城

设取得显著成效。

2011年，大力实施生态县建设，2016年通过国家生态县考核验收，开启了国家生态文明建设示范县创建之路，按照国家生态文明建设示范县规划，全面推进生态文明建设工作。全县13个乡镇全部获得国家级生态乡镇命名，建成省、市级生态村126个，环境友好型社区5个。

近年来，空气质量位居福建省前列，流域水质常年保持Ⅱ类以上，率先在全省实现乡镇农村污水处理全覆盖，城乡人居环境持续提升，党政领导生态环境保护目标责任书考核位居三明市前列。"生态立县"的理念深入人心，广大人民群众的获得感、幸福感日益提升。

福建省南平市武夷山市

武夷山市位于福建省西北部，是福建省唯一以名山命名的新兴生态旅游城市，面积 2 813 平方千米，人口 24 万。碧水丹山、峡谷景秀、岩穴奇观，成就了独步天下的世界自然遗产；人文荟萃、钟灵毓秀、人杰地灵，有着影响世代炎黄子孙的世界文化遗产。

一直以来，武夷山坚持“绿水青山就是金山银山”理念，将保护生态资源、建设生态文明摆在首要位置，以绿色发展为主题，以加快转变、跨越发展为主线。做好“四个坚持”：坚持保护当下和守护未来相结合，持续改善生态环境质量；坚持保质保量和先行先试相结合，不断创新工作方式方法；坚持生态保护和经济发展相结合，坚持走好绿色发展道路；坚持政府主导和市场引导相结合，保障生态文明长远发展。

大安源（吴心正 摄）

形成了经济科学发展、生态不断优化、民生同步改善的良性互动格局。生态系统价值核算结果显示：2015年武夷山市生态系统服务价值为2 219.9亿元，较2010年提高21.2%，是GDP的16倍，单位面积生态系统服务价值0.79亿元/平方千米，是全国平均水平0.08亿元/平方公里的10倍。境内主要流域水质全优，空气环境质量保持优级，生态红线面积1 302.46平方千米，占面积46.43%，全省占比排第一。森林覆盖率80.46%，生态公益林比例在全国县级市中保持第一，被列为国家公园体制试点和国家重点生态功能区建设试点示范市，先后获评"国家生态市""国家首批生态旅游示范区""国家森林旅游示范县"等称号。

玉女峰（翁培义 摄）

御茶园（丁李青 摄）

福建省宁德市柘荣县

示范区

柘荣地处福建省东北部，太姥山西麓、东海之滨，素有“高山大平原”之称，是南方不可多得的生态养生福地。近年来，深入学习贯彻习近平新时代中国特色社会主义思想，按照“五位一体”总体布局和“四个全面”战略布局，走出一条符合柘荣实际的生态文明建设路子。

坚持规划引领，科学规划全县环境保护、生态建设和区域产业发展，构建了县、乡（镇）、村三级较为完备的生态建设规划体系。坚持把创建工作作为“一把手”工程，每年与各乡镇及主要职能部门签订《党政领导生态文明建设和环境保护目标责任书》，形成一级抓一级、一级促一级的工作格局，建立起县、乡、村三级联动的工作机制，形成纵向到底、横向到边的融环境保护宣传、管理、建设于一体的工作组织网络。在县法院、检察院中设立保护生态环境协调室、生态资源检察科、生态环境审判庭，充分发挥法律法规的惩处、警戒作用。

在全县上下共同坚持和努力下，生态环境和人居环境进一步优化，基础设施进一步夯实，产业布局进一步合理，人民生活水平进一步提高。被授予“国家生态县”，被列为“国家重点生态功能区”。打造出“中国长寿之乡”“中国太子参之乡”“中国民间文化艺术之乡”“中国孝德文化之乡”“中国老年人宜居县”等多张县域品牌，生态文明建设取得了显著成效。

休闲公园

县城全貌

江西省吉安市井冈山市

示范区

红旗标志

近年来，井冈山市坚持以习近平生态文明思想为指导，深入践行“绿水青山就是金山银山”理念，大力弘扬井冈山精神，坚持“红色引领、绿色崛起”发展战略，全力做好“显山露水、治山理水”文章，持续巩固提升绿色生态优势，先后荣获“世界生物圈保护区”“国家森林城市”“江西省生态文明建设十大领跑县”等多项荣誉称号，并被列为江西省生态文明先行示范市。

坚持治山理水，实现生态更优。近5年来，全市造林绿化面积达11万亩。深入推进“河长制”“湖长制”“林长制”，大力开展各类环境整治专项行动，全面划定生态红线，空气质量优良天数、地表水考核断面水质等各项指标始终保持在全省前列。

坚持显山露水，实现城乡更美。围绕“城在山水园林中，山水园林在城中”理念，打造美丽宜居生态城乡，城镇人均公共绿地面积达到 42.86 平方米。有序推进美丽乡村建设，完善农村污水处理、改水改厕、垃圾分类等基础设施建设，打造了神山、坝上等一批美丽乡村精品点。

坚持扬优成势，实现产业更旺。充分依托绿色资源优势，着力构建绿色产业体系。发展全域旅游，列为国家全域旅游示范区；发展绿色工业，全力打造以电子信息、绿色食品为主导的“四大产业”；发展生态农业，列为江西省绿色有机农产品示范县，并培育了井冈蜜柚、井冈皇菊、井冈芦笋等一批绿色有机农产品品牌。

茨坪镇秋色

井冈山主峰

江西省赣州市崇义县

示范区

崇义生态优美、风光旖旎，森林覆盖率高达 88.3%，居全国县级之最，是国家卫生县城、国家森林城市、国家有机食品生产基地建设示范县。

近年来，坚持以习近平生态文明思想为指导，以生态环境部对口支援为契机，全力推进国家生态

"群星耀阳明"中国（崇义）阳明山万人养生徒步大会

阳明湖荣获中国好水优秀水源

文明建设示范县创建工作。

强化管控抓保护。严守国土空间，划定并严守生态保护红线、永久基本农田、城镇开发边界三条控制线，扎实推进森林数量、森林质量两个提升，创建 1 个国家级湿地公园、2 个国家级森林公园、1 个国家级自然保护区。

铁心硬手抓治理。以中央环保督察问题整改为重点，全力打好净空、净水、净土保卫战，实施乡村环境整治和山水林田湖草修复两大工程，被评为全国第一批农村生活垃圾分类和资源化利用示范县。

扬优成势抓发展。深入推动旅游、文化、体育、康养四业融合发展，旅游产业逐渐发展成为崇义第一大产业；全力推进南酸枣、刺葡萄等农业主导产业提质提效，全面加快传统工业清洁生产改造升级、绿色食品产业发展和新经济新动能培育。

勇于探索抓创新。对标国家生态文明建设示范县建设要求，成功构建生态保护与监管制度体系、环境治理与生态保护的市场体系，形成森林科学经营模式，全力打造美丽中国“崇义样板”。

江西省景德镇市浮梁县

示范区

浮梁位于江西省东北部，是鄱阳湖生态经济区重点县（市、区）之一。面积 2 851 平方千米，人口 30 万。近年来，以创建国家生态文明建设示范县为抓手，坚持“绿水青山就是金山银山”理念，打响生态品牌，精耕山水做美绿色文章，走出了一条既有“含金量”更要“含绿量”、既保护生态又富裕百姓的生态经济绿色发展之路，努力争当打造美丽中国“江西样板”排头兵。

以高位推动国家生态文明建设示范县为契机，着力打造“河长制升级版”，全面推行“林长制”“路长制”，扎实推进“净空、净水、净土”行动，加快实施山水林田湖生态保护修复工程，打出

古村落保护

进坑

漂亮的“防”“治”组合拳，做好治山理水文章，从源头上把好生态关，让一个个秀美乡村脱颖而出，走出了一条具有浮梁特色的治山理水之路。

素有“八山半水一分田，半分道路和庄园”之称的浮梁，森林覆盖率高达 81.4%，空气优良率保持在 95% 以上，地表水水质常年稳定在Ⅱ类，生态环境状况指数达 86.48%，富有天然氧吧美称。山清水秀生态美是浮梁的金字招牌。

随着全域旅游的深入推进，“梳妆打扮”后的浮梁，生态优势正逐步转化为经济优势和发展优势，越来越多的农民在家门口“卖”起了风景，发起了“生态财”。

水在，绿在，美就在。今日浮梁，走出了一条精耕山水的绿色崛起之路。

生态优美（李金龙　摄）

河南省信阳市新县 示范区

新县地处豫南大别山腹地，面积 1 612 平方千米，是国家级生态县、重点生态功能区。近年来，以创建国家生态文明建设示范县为抓手，把生态文明建设融入经济社会发展全过程，倾力呵护绿水青山，全力推动绿色发展。

树牢理念与制度约束同步。坚持生态文明优先，确立红色引领、绿色发展的科学理念，山水红城、健康新县的发展定位，视山如父，视水如母，视林如子，编制实施《国家生态文明建设示范县规划》和生态环境状况蓝皮书。将 43% 的国土纳入生态红线保护范围，明确界定禁止准入、限制准入、重点准入范围，让生态“红线”成为带电的“高压线”。

古村落

污染防治与生态建管齐抓。以改善生态环境为核心，推进县乡村三级联动、气水土“三净合一”，所有乡镇均被命名为国家级生态乡镇。以强化生态建设为目的，加强大别山水土保持生态功能区保护，实施“美化大别·绿满山河”国土绿化3年行动计划，实现应绿尽绿、处处皆美。

创新转型与绿色发展并重。以生态文明建设倒逼发展方式转变，着力培育医药制造、智能制造、农副产品加工、文化旅游四个百亿级大健康产业，绿色转型进入快车道，在2017年度河南省市县经济社会发展目标考核评价中，取得了位居县区第12位的良好成绩，生态优势正裂变出老区经济发展的巨大能量。

湖北省襄阳市保康县

示范区

保康地处湖北省西北部，是襄阳市唯一的全山区县、湖北省脱贫奔小康试点县、秦巴山片区扶贫攻坚重点县和湖北省深度贫困县。面积 3 225 平方千米，人口 28.2 万。享有“中部磷都”“牡丹故里”“蜡梅之乡”和“中国紫薇之乡”的美誉。

雾锁深山

县城全景

以习近平新时代中国特色社会主义思想为指导，保康始终坚持“绿水青山就是金山银山”理念不动摇，大力实施“生态立县、旅游兴县、工业强县”战略，走出了一条具有保康山区特色的绿色发展之路。

脱贫奔小康试点县建设综合考评夺得全省“七连冠”；2013—2016 年，县域经济分类考核稳居全省三类县市区第五名；2015—2017 年，在全省贫困县党政领导班子和领导干部经济社会发展与精准扶贫实绩考核中，保康连续 3 年获得 A 级第一名。

全面履行绿色责任担当，全力打好蓝天、碧水、净土保卫战，持续改善环境质量，空气质量优良天数始终保持在 310 天以上，城镇集中式饮用水水源达到 100%，县内沮河、蛮河、南河三大河流断面考核水质达到国家和省级预设要求，森林覆盖率达到 76%，县域生态状况指数（EI）达到 77.89%，在全省名列前茅。

坚持一张蓝图干到底。2012 年启动生态创建工作，经过不懈努力，“六大类十项 38 个建设指标”全部达到《国家生态文明建设示范市县指标（修订）》要求，先后获得“国家水土保持生态文明工程示范县”、“全国文明县城”“国家卫生县城”“全国绿化模范县”等荣誉称号。

湖北省恩施土家族苗族自治州鹤峰县

示范区

二台云海

木耳山

“人言此是桃源地，不信桃源如许奇”。北纬30° 与东经110° 的交叉点，这个点，就是“中国之中、诗画鹤峰”。

如今，古诗人笔下的桃花源，已成为中国革命的红土、民族文化的厚土、生态完好的净土、资源富集的沃土、正在开发的热土，处处散发着无穷的绿色魅力。2017年，空气质量优良率达99.6%，森林覆盖率达75.9%，以茶叶、箬叶等为主的生态特色产业基地人均面积达7.9亩，农民依靠生态产业实现人均纯收入1万元以上。2018年，鹤峰荣登“中国诗意休闲百城榜”“中国十佳诗意休闲小城榜”“华中地区十佳诗意休闲小城榜”。

近年来，坚持以习近平生态文明思想为统领，牢固树立“绿水青山就是金山银山”理念，把创建生态文明建设示范县作为推进产业转型升级、激活县域发展活力、提升群众幸福指数的总抓手，大力实施“产城生态一体化”战略，着力健全领导推进、政策考核、执法保障、社会参与“四大体系”，强力推进森林资源保护、水资源保护、大气污染综合治理、土地资源保护、美丽家园等“五大工程”，全县生态经济快速发展，生态环境优美舒适，生态文化日趋繁荣，生态理念深入人心，生态支撑健全有力。

屏山峡谷

迈进新时代，鹤峰人民正以实干书写时代答卷，用心谱写绿色发展“交响曲”，全力打造生态富裕文明新鹤峰，建设天蓝、地绿、水净的美好家园，赢得永续发展的美好未来。

董家河

湖南省张家界市武陵源区

示范区

武陵源面积 397.58 平方千米，人口 6.17 万，境内奇峰三千、秀水八百，是“研究生态系统的实验室和环境教育的课堂”，被誉为“扩大的盆景，缩小的仙境”。核心景区森林覆盖率达 98%，每立方厘米空气中负氧离子含量高达 8 万 ~10 万个，是名副其实的“天然氧吧”，休闲度假的“天堂胜地”。

始终把良好的生态作为全区旅游发展的第一名片，紧紧围绕“碧水守护、蓝天保卫、净土攻坚、大地增绿、城乡洁净”五大城市目标，倡导节能减排，促进绿色生产。思想认识先行，建设“生态武陵源”。2013年，出台《关于提质武陵源再创新辉煌的决定》，提出加快建设“生态武陵源”发展思路，明确将提质升级作为发展主题和根本途径，开辟了一条人与自然和谐发展的“武陵源道路”。

武陵奇峰

坚持规划引领，实施六城同创。把创建国家生态文明建设示范区与国家卫生城市、国家森林城市、国家空气质量达标城市、国家交通管理模范城市结合起来，相互策应、相互促进，制定规划，明确生态区发展战略和规划目标，为深入推进国家生态文明建设示范区创建奠定了良好基础。

坚持综合治理，增强可持续发展能力。统筹考虑山上山下、地上地下以及流域上下游，进行整体保护、综合治理，着力实施“水体、大气、废弃物”等重点污染防治，坚决打好污染防治攻坚战，擦亮山水品牌，用“绿水青山”赢得“金山银山”。

秀水武陵

广东省深圳市罗湖区

示范区

罗湖独具“一半山水一半城”的生态空间，深圳水库被誉为深圳人民的“大水缸”，梧桐山森林保护区享有“市肺”的美誉。罗湖高度重视生态文明建设，努力解决“快速发展”留下的问题，破除“发展起来之后”的烦恼，迈过“进一步发展”绕不开的坎。

在 2013 年获评“国家生态区”的基础上，2015 年获评“中国十大商务旅游城区”，开出全市首宗“按日计罚”罚单，编制全国首份环保准入“负面清单”，再次荣膺“全国和谐社区建设示范城区”。2016 年，打造国内首条自动化潮汐车道，罗湖文化志愿服务工作荣获“全国文化志愿服务活动典型案例”，罗湖政府获民间评议政府信息公开“金秤砣奖”，政务微信公众号“时尚罗湖”获评全市“十大

梧桐山仙湖公园绿道

最有传播力微信”。

2017 年，连续 7 年综合能耗全市最低，建成区基本消除黑臭，“河长制”考核名列全市第一，优质饮用水入户改造小区数量全市第一。“罗湖区餐厨垃圾综合利用项目”荣获“广东省宜居范例奖”，环境信访量稳居低位。率先搭建了自然资源资产核算数据库和资源环境承载力监测预警系统双平台。作为全市首个城市更新试点区，创新“蔡屋围模式”，成功破解“中国棚改第一难”，获评“深圳市房屋拆除与建筑废弃物综合利用一体化试点项目”，并荣膺全市唯一“政府绩效特别贡献奖”。2018 年 11 月，成功获评“第二批国家生态文明建设示范市县”建设单位。

鸟瞰罗湖

洪湖公园

梧桐绿道

广东省深圳市坪山区

示范区

坪山中心区

坪山河（陈永裕 摄）

坪山自然生态条件得天独厚，拥有城市罕见的原生之态、自然之美，“一山一河一湿地”（马峦山、坪山河、聚龙山湿地公园）是其真实写照，聚龙山湿地公园 2015 年获评“深圳市环境教育基地”，马峦山拥有深圳最大的天然瀑布群。生态控制线面积占辖区面积的 53.75%，森林覆盖率达到 45.49%。

高度重视生态文明建设，坚持产城融合，绿色产业加速集聚，获得广东深圳出口加工区、国家新能源汽车产业基地、国家生物产业基地、国家新型工业化产业示范基地四块国家级“金字招牌”及荣获广东省智能制造示范基地。城区环境品质不断提升，2017 年空气质量优良率 94.8%，主要饮用水水源水质达标率保持

100%，万元 GDP 能耗 0.175 吨标准煤 / 万元、水耗 12.2 米 ^{3} / 万元，达到近 5 年最优水平。累计建成各类公园 62 个，人均公园绿地面积达 22.01 平方米，23 个社区全部获评“广东省宜居社区”称号，金龟露营小镇更被评为“中国乡村旅游模范户”。机制体制相继健全，“河长制”“湖长制”全面推进，编制完成自然资源资产负债表，探索开展自然资源资产离任审计和生态环境损害责任追究，用最严格制度最严密法治保护区域生态环境。“循数治理”创新项目入围“中国地方政府创新奖”“织网工程”获评首届全国政务服务优秀决策案例，并推荐为哈佛大学共享案例，“枢纽型社区服务平台建设”被评为中国社区治理十大创新成果。

大山陂水库

广东省深圳市大鹏新区

示范区

西涌海岸线

大鹏地处深圳东南部，是深圳自然资源禀赋最优、生态保护最佳的区域，被誉为深圳的“生态基石”。新区坚持生态立区，全方位推进生态文明建设，先后被确定为全国生态文明建设试点、国家生态文明先行示范区和国家级海洋生态文明建设示范区。

勇当改革先锋，生态文明体制机制创新走在全国前列。编制实施深圳首个以市委市政府名义印发实施的区级生态文明体制改革方案，在自然资源资产负债表、生态补偿等重大制度方面，为全市、全省乃至全国积累了经验，提供了示范。

坚守生态保护使命，守护绿水青山成效显著。坚守基本生态控制线，在全国率先搭建全方位实时动态监测监控的技术平台，创建河流“河长制”+海岸线“段长制”治理体系。

枫木浪水库

坚持绿色发展道路，生态经济体系逐步建立。累计淘汰转型低端企业超过建区之初工业企业总数的65%；战略性新兴产业增加值63.9%；万元GDP电耗、水耗分别下降21%、28.5%；获评广东省唯一的“国家级旅游业改革创新先行区”。

突出生态文化建设，营造共建共治共享社会氛围。成功举办全国首届“湾区城市生态文明大鹏策会”；“潜爱大鹏”珊瑚保育活动品牌获2017年度中国公益节环保类唯一金奖——“绿色典范奖”；设立大鹏半岛生态文明建设公益基金。

七星湾

七娘山

广东省佛山市顺德区

示范区

党的十八大以来，顺德坚持践行“绿水青山就是金山银山”理念，以创建生态文明建设示范区和率先建设广东省高质量发展体制机制改革创新实验区为契机，坚持红色引领绿色发展，通过优化环境质量、提升城市品质、传承历史文化，谱写高质量发展新篇章。

立足全局，推动绿色创新。顺德与广东省生态环境厅共建全省首个生态文明奖建设示范区，成立全国首个“多规合一”规划委员会，划定全省首个区级生态环境保护红线。创新驱动，推进绿色转型。建设大湾区高端制造业龙头，完善产业基础和产业链，引领行业绿色发展潮流。科学施策，环境持续优化。全面推进村级工业园改造“头号工程”，坚持“严打促建、严查追责”，依托区镇环境保护委员

多彩新城

会，构建区镇村三级管理体系，建立千人环保管理队伍，全力打好污染防治攻坚战，环境监察力度排名全国县区前列。传承历史，弘扬生态文化。加强传统文化保护、发展和创新，秉承顺德水乡特色建设宜居之城，提升市民幸福感，为改革进取的顺德人留住乡愁。

连续7年位居全国综合实力百强区第一，首次获得“全国绿色发展百强区”第一和“国家森林城市”。

顺德将牢固树立生态文明理念，全面实施绿色发展战略，全力把顺德建成都市繁华与水乡风光交相辉映、现代科技与传统文化相辅相成、绿水青山与金山银山互融共赢的现代化生态文化名城。

水乡远眺（龙江）

顺峰晨曦

广东省惠州市龙门县

山环水绕龙门城

龙门位于粤港澳大湾区、珠江三角洲北部，面积 2 295 平方千米，人口 36 万，属于“八山一水一分田”的丘陵山区县。

生态优势是龙门的根本优势与核心竞争力。党的十八大以来，坚持践行“绿水青山就是金山银山”理念，坚定不移走“绿水青山就是金山银山”绿色发展道路，建设成为珠江三角洲环境质量最好的县域之一。环境质量优良稳定，各主要河流、饮用水水源水质优质达标，生态环境指数 90.4%，森林覆盖率 76.6%，均位居全省前列。

立足粤港澳大湾区、珠江三角洲北部生态屏障功能定位，牢固树立“生态立县”理念，坚持把生

态文明建设作为增强核心竞争力的重要抓手，作为彰显山区县特色的重要路径，做到了四个注重。

注重建立完善生态文明创建机制，经济建设与生态建设协调推进，产业竞争力与环境竞争力同步提升；注重坚持新发展理念，积极优化调整产业结构布局，坚持招商选资项目符合产业规划、符合环保准入两个前置条件，建设以电子信息、大健康医药、新材料等产业为主导产业、产城人融合发展的绿色化生态工业园；注重彰显龙门山水特质，推动生态旅游产业精品化、绿色化、全域化升级发展；注重加强污染防治基础设施建设，全力推进农村人居环境综合整治，实现城乡生活垃圾一体化处理，村级生活污水处理设施全覆盖，农村环境全面改善，着力实现共建共享绿色美好生活。

广西壮族自治区梧州市蒙山县

示范区

天然牧场

自开展生态创建以来，蒙山努力把生态优势转变为发展优势，探索走出了一条适合蒙山县的绿色发展、循环发展、可持续发展之路。

找准发展定位，坚持规划先行。始终坚持“一本蓝图绘到底”，按照“生态立县、特色兴县”战略目标，以良好的生态环境促进生态经济产业的发展，以生态经济产业的发展推动生态环境的保护与建设。

坚持城乡统筹，建设生态蒙山。构筑生态精品县城，一个宜居、宜业、宜游的生态蒙山已经形成。大力改善城乡人居环境。逐步形成“望得见青山、看得见绿水、记得住乡愁”的生态新农村。

西河镇石龙冲瀑布

加强生态建设，提升环境质量。围绕重点生态功能区建设，全面加强生态环境保护。2018 年森林覆盖率达 80.45%，位居广西前列。加强水资源管理，全面落实县、乡、村三级“河长制”，加快污水处理设施建设，城镇生活污水处理率达 95.58%。严格划定生态红线和用途管制，持续开展环境保护专项整治行动，大力打击环境违法行为，环境质量稳步提升。

紧扣生态主题，发展县域经济。以生态农业引领现代绿色农业蓬勃发展。以茧丝绸产业引领生态工业发展。以“创特”引领生态旅游壮大发展。

健全长效机制，保护生态环境。不断完善机制，出台相关奖励政策，推动一二三产业与生态环境融合发展，促进生态文明建设工作步入常态化、制度化轨道。

醉美古皮（黄胜林 摄）

广西壮族自治区百色市凌云县

示范区

山水浩坤（熊桂余 摄）

凌云以“生态立县”为目标定位，积极推进生态文明建设各项工作，走出了一条经济建设与环境保护共赢的发展之路。

生态制度初步建立。实施自然资产离任审计和生态环境损害责任追究，把生态建设和保护成效纳入干部考核评价体系之中，建立科学的干部考核指标体系和绿色 GDP 指标体系。

生态环境质量明显改善。辖区集中式饮用水水源水质达标率 100%，2017 年全县空气环境质量优良率达 98% 以上，区域地表水环境质量均达到Ⅲ类水质以上。

城山水韵（黄仲松 摄）

生态工业取得新进步。利用水泥窑协同处置全县生活垃圾，达到循环利用、绿色发展。

生态农业迈上新台阶。全力打造“猪—沼—果、猪—沼—茶”的立体绿色农业园区，开辟农业现代化发展新途径。

生态旅游呈现新气象。紧紧围绕“城古、茶香、湖秀”三张名片，让游客通过体验茶文化爱上凌云白毫茶，爱上茶乡凌云。

生态宜居提升新水平。实施新农村建设工程、人居环境重点整治行动和美丽乡村建设，城乡变得山清水秀地干净、精致整洁人文明。

生态文明理念深入人心。积极开展生态环境保护宣传，生态文明的理念已渗透到每个市民。全县公众对生态文明知识知晓度达 95.6%，公众对生态文明建设的满意度达 96.7% 以上。

凌云茶山（吴世湘 摄）

朝里长景（黄金陶 摄）

四川省成都市温江区

示范区

温江地处川西平原腹心，面积 277 平方千米，人口 81 万，连续 5 年位居中国综合实力百强区，是国家级首批生态区，素有“金温江”的美誉。认真践行习近平生态文明思想，牢固树立“绿水青山就是金山银山”理念，厚植温江生态本底，努力打造生态文明建设的“温江样本”，先后荣获“联合国杰出绿色生态城市”“国际生态宜居典范城市”等殊荣。

绿色生态的美丽城市。始终坚持生态为基、精致发展，构建“南城融林，北林成景，城林合一”公园城市格局，“北林”167 平方千米生态大公园生机盎然，20 万亩花木郁郁葱葱，7 000 多个川西林盘星罗棋布，350 公里生态绿道串珠成链；“南城”110 平方千米现代田园城市生态宜居，引绿缀城、

温江光华商圈

引水润城、引风贯城三大生态工程，打造都市丽景。产业发达的实力城市。努力构建“三医两养一高地”全域健康产业生态圈。聚集了300余家生物医药行业领军企业和协作企业，汇集了19所大中专院校，85个国家、省、部级重点实验室及研发机构。便捷舒适的宜居城市。温江是“一带一路”和长江经济带的重要节点，综合交通体系覆盖全域；“学到温江”“健康到温江”“舒适到温江”三大民生品牌稳步推进；以百亿级光华商圈为中轴，城市慢行系统串联的“15分钟公共服务圈”已然成型。区域环境质量持续改善，努力建设“天蓝地绿亲水之城”。

生态农业

四川省成都市金堂县

示范区

金堂地处成都平原东北部，近年来高度重视国家生态文明建设示范县创建工作，始终坚持生态优先、绿色发展之路，先后荣获“中国人居环境范例奖”“国家园林城市”“国家生态示范县”“全国绿化模范县”等殊荣。

坚持规划引领，突出自身特色。编制并出台《金堂县创建国家生态文明建设示范县实施方案》《金堂县生态文明建设规划（2016—2025 年）》，从 6 个方面科学设定金堂生态文明建设体系。

坚持目标导向，突出过程质量。印发《金堂县生态文明建设实施方案》，明确工作职责，分解工作目标，落实工作任务，先后投入近百亿资金用于生态文明建设，全县生态环境改善幅度巨大。

坚持底线思维，突出环境安全。严格饮用水水源保护、生态保护红线划定和管控及园区企业环保准入。2018 年，全县顺利通过了大气污染防治强化督察、岷沱江水污染防治强化督察、清废行动、国家集中式饮用水源地专项督察等各项检查。

坚持治理攻坚，突出质量改善。强力推进大气、水、土壤污染防治“三大战役”，2018 年 1—9 月，地表水出境断面与 2017 年同期相比，氨氮下降了 32.3%，总磷下降了 6.0%，2018 年饮用水水源

绿水青山

地水质达标率 100%。

坚持深化整改，突出监管实效。严格整改督查不放松，完善目标管理重考核，铁腕执法不手软。

斑斓大地

花田广兴芍药园

四川省巴中市南江县

示范区

光雾山

南江位于四川盆地东北边缘，长江中上游两大支流嘉陵江和汉江的源头分水岭，是长江上游生态屏障的重要组成部分，位于成都、重庆、西安三大城市的几何中心，面积3 388平方千米，人口70.9万，是国家扶贫开发工作重点县、国家首批主体生态功能区建设试点示范县、川陕革命老区振兴发展规划核心区域县、全国绿化模范县。

近年来，认真践行“绿水青山就是金山银山”理念，确立“生态立县、文旅强县、绿色崛起、同步小康”发展路径，走出一条贫困山区绿色发展新路子。划定耕地红线和生态保护红线，受保护面积占53.66%；创新“河长+警长+监督员”的“河（湖）长”责任制，主要河流出境断面水质常年稳定达到地表水Ⅲ类标准以上，集中式饮用水水源地水质达标率达100%；强力推进污水处理设施建设，建成城镇污水处理厂（站）24个，生活污水处理率达90.8%；大力实施南江煤电等燃煤企业的脱硫脱硝、除尘技改，综合整治砖厂26家，完成加油站油气回收治理26家，建立秸秆禁烧、露天禁熏腊肉、施工场地、道路扬尘污染防治常态监管机制，空气环境质量优良天数平均达330天以上，占比90%以上。推行“户分类、村收集、镇运转、县处理”模式，建成生活垃圾中转站51个，配套采购垃圾压缩箱62个、专业特种垃圾运输车辆11辆，生活垃圾无害化处理率达100%。

四川省眉山市洪雅县

示范区

有机茶园

洪雅地处四川盆地西南部、成都“1 小时经济圈”，面积 1 896 平方千米，人口 35 万，地表水青衣江水质江常年达国家Ⅱ类标准，森林覆盖率达 71%，生态环境质量持续为优级，位居四川省第 5 位，享有“绿海明珠”“天然氧吧”美誉。2015 年创成“国家生态县”，2016 年荣获首届“中国生态文明奖”先进集体。

明确目标、不忘初心。坚持生态立县、专注绿色发展。洪雅从 20 世纪 50 年代起开展大规模植树造林，持之以恒保护长江上游重要的生态屏障。认真践行“绿水青山就是金山银山”理念，以创建为抓手，强力推进国际康养度假旅游目的地、健康养生产业示范区、生态工业示范区、绿色有机农产品示范区“一地三区”建设。强化整治凸显生态。高度重视生态环境治理和环保问题整改工作，强力整治完成自然保护区矿山企业和水电站环保问题。

生态打底，康养破题。成立洪雅县生态文明建设委员会，在全省率先单独设立县政府直属事业单位“生态文明建设促进办公室”和“健康产业办公室”，整体推进生态文明建设，大力发展康养旅游产业，创建为“全国森林旅游示范县”“全国森林康养基地试点县”“中国宜居养生之都”。充分发挥茶叶、牛奶、林竹等优势，推进传统农业转型升级，成为国家级有机产品认证示范创建区、国家农业循环经济发展示范县。

中保蔬菜基地

柳江镇

贵州省遵义市仁怀市

示范区

仁怀位于贵州省西北部、赤水河中游，面积1 788平方千米，人口70万，是“国家卫生城市”“全国百强县市”“中国全面小康十大示范县市”“中国最美县城50强”“中国十大品质休闲县市”。

强化组织领导。形成“党委政府领导、人大政协监督、环保牵头、乡镇负责、部门联动、社会参与”的良好局面。强化顶层设计。将生态环境保护工作纳入国民经济和社会发展规划，落实生态环境保护“党政同责”和“一岗双责”责任制，在全省率先启动生态文明制度12项改革。目前“河长制”、第三方治理、环保司法联动、生态红线、生态补偿等取得明显成效。

楠竹林

狠抓重点工作。大力实施蓝天工程、碧水工程、青山工程和生物物种资源保护，全市生态环境质量明显改善。加强环境风险防范，完善应急机制。有效利用各类应急资源，切实增强风险防范的协同性。强化源头管控。划定生态红线，严守耕地红线，加大生态保护，实行“多规合一”。全面推广清洁能源。大力推进水资源集约开发和节能减排，加大工业园区基础设施建设，实施畜禽养殖综合利用。

实施农村环境综合整治。全力推进农村生活污水治理，实施农村生活垃圾分类收运处理，打造美丽新农村。加强宣传教育引导，绿色化生活方式深入民心。

云南省保山市

示范区

保山位于云南省西部，面积 19 637 平方千米，国境线长 167.78 千米，人口 261.4 万。坚持生态文明建设示范市规划引领，强化组织、投资、考核三个保障，统筹市、县、乡、村四级联动联创。牢固树立“绿水青山就是金山银山”理念，着力推动产业转型升级、工业聚集化、农业生态化、旅游品牌化发展，坚决打好蓝天碧水净土保卫战。

森林保山，生态环境质量持续改善。全市 12 个国控、省控断面水质均达到水功能区划要求，环境空气质量优良率 98.4%，森林覆盖率 65.01%。高黎贡白眉长臂猿等重要生物物种资源得到严格保护。连续 3 年生态环境质量综合评价为“优”。绿色保山，生态经济水平不断提高。超额完成单位

高黎贡山

GDP 能耗下降任务，土地节约利用获国务院通报表扬，最严格水资源管理制度工作全省排名第一。高黎贡山国家公园、“天下和顺”、施甸善洲林场等景区享誉全国。“绿色能源、绿色食品、健康生活目的地”成为保山高质量发展的基本底色。主要经济指标增速连续 3 年居全省前列。美丽保山，城乡人居环境有效提升。万亩青华海生态湿地公园、万亩东山森林公园、万亩生态农业观光园“三个万亩”等一批城市生态公园建成开放。隆阳区被列为全国“城市双修”“地下综合管廊”试点，首批“公交都市”创建示范城市。和谐保山，人民群众对美好环境的获得感不断增强，公众生态文明知识知晓度达 98.74%，生态文明建设的满意度达 96.13%。

云南省玉溪市华宁县

华宁地处滇中，面积 1 248.05 平方千米，人口 22 万，享有“泉乡”“橘乡”“陶乡”美誉。

近年来，县委、县政府认真贯彻落实习近平生态文明思想和习近平总书记考察云南重要讲话精神，全面践行“绿水青山就是金山银山”理念，深入实施“生态立县”战略，把生态文明建设融入经济社会发展各方面和全过程，将“绿色华宁”建设作为新一届县委贯彻落实绿色发展理念的关键举措，明确提出创建国家生态文明建设示范县的目标。

县城全景

在创建过程中，始终坚持高位推动，不断完善体制机制，大力发展生态产业，狠抓生态保护和治理，全县生态环境持续改善，在2017年云南省各县（市、区）县域生态环境质量监测评价与考核中，位列全省129个县（市、区）的第1位。开展生态文明建设，有力促进了华宁经济社会发展、惠及了民生，先后荣获“国家级生态示范区”“国家园林县城”“全国生态农业示范县”“四好农村路全国示范县”等殊荣。兼具生态效益和经济效益的柑橘、核桃、柿子“三棵树”种植规模达50.1万亩，产值近10亿元，实现了生态保护与农民增收“双赢”。2015年、2016年经济增速分别居云南省第3位、第4位。初步走出了一条具有华宁特色的高质量可持续发展之路。

华溪镇

西藏自治区林芝市

示范区

林芝位于西藏东南部，面积 11.7 万平方千米，人口 22.82 万，是一个以藏族为主，汉、门巴、珞巴等民族和睦相处的多民族聚居区，林草覆盖率 72.27%，是青藏高原“生物基因库”。先后被确定为

索松村春景

有机菜园

“国家可持续发展实验区”、首批“国家全域旅游示范区”，获得“全国园林绿化先进城市”“国家卫生城市”“中国人居环境范例奖”等荣誉称号。

党的十八大以来，始终牢固树立“绿水青山是金山银山、冰天雪地也是金山银山”理念，把生态保护放在筑牢国家重要生态安全屏障的高度来抓，坚持生态惠民、生态利民、生态为民，生态文明建设取得显著成效。坚持政府主导，强化机制建设；搞好顶层设计，科学编制规划；明确部门职责，严格目标考核；整合资金投入，完善环保设施；加强环境监管，改善环境质量；广泛宣传发动，营造创建氛围。

经过十年创建，巴宜区获得第一批“国家生态文明建设示范区”称号；生态经济不断壮大，围绕国家定位的国际生态旅游区，生态旅游、水电能源、特色农牧、藏医藏药、文化创意等生态产业蓬勃发展；生态环境持续优良，环境空气质量优良率达 100%，主要江河湖泊水质全部达到或优于Ⅲ类，五县列入国家重点生态功能区；城乡基础设施日益完善，城镇生活垃圾无害化处理率达 100%。

雅尼国家湿地公园

西藏自治区日喀则市亚东县

示范区

亚东地处边境，与印度、不丹接壤，边境线长 290 千米，对外通道 45 处，处在反分裂、反渗透、反蚕食、反偷渡的最前沿，面积 4 240 平方千米。

近年来，亚东高度重视生态文明建设工作，成立工作领导小组，投入 59.8 万元编制亚东县生态文明建设示范县和 5 乡 2 镇生态文明建设示范乡镇规划。充分利用各种形式开展宣传，营造生态文明建

设的浓厚氛围。层层签订环境保护目标责任书，将生态环境纳入《村规民约》《村级卫生打扫制度》及年终综合考评。

真抓实干，推进生态保护。亚东无大型工业企业，生态文明建设主要以保护为主。对城乡环境进行综合整治，清理县城河道，加强32个饮用水水源地环境保护，建设公厕12座，建成生活垃圾填埋场2座、污水处理厂1座，1座生活垃圾转运站在建，设立1处建筑垃圾消纳场。淘汰3家燃煤锅炉。将县城和帕里镇的环卫工作托管第三方。规范运行污水处理厂和卫生服务中心污水处理设施。开展县城两处集中式饮用水水源地、农村饮用水水源地、入河排污口以及地表水（亚东河）环境质量监测工作。全面推进落实“河（湖）长制”。投入6 800多万元开展河道防洪堤建设工程。投入1 260多万元开展10个生态恢复治理项目。至今共计完成植树造林81 960多亩，人工种草与天然草地改良14 000多亩，增殖放流亚东鲑鱼14.5万尾。

堆纳湿地

陕西省汉中市西乡县

示范区

西乡地处陕西南部，面积 3 240 平方千米，人口 41 万，是南水北调中线工程水源涵养区和国家重点生态功能保护区，全国著名茶乡、樱桃之乡、生态旅游之乡。

严守生态保护红线。牢固树立“绿水青山就是金山银山”理念，按照“生态立县”战略，坚持规划引领、全员联动、创建示范，从严执行“三线一单”，统筹推进山水林田湖草系统治理，构建山区绿屏、平川绿网、城市绿景三大生态体系，持续打好青山、蓝天、碧水、净土保卫战，环境空气质量持续向好，全域水质稳定达标。

贯彻绿色发展理念。持续壮大茶猪烟菌四大农业主导产业规模效益，搭建“两长两短 + N 个特色产业”发展平台，打造现代农业园区 46 个。以陕南循环发展示范园区为平台，构建绿色食品、服饰加

城市绿景全貌

午子山下稻花香

工、轻工电子、生物医药、新型建材、装备制造绿色循环工业体系。精心打造“一山一沟一寺两镇四园”旅游景区，形成“一核一轴两极三组团”旅游产业发展格局。

茶园风光

筑牢生态文明根基。按照“一心两翼八线九景百村”空间布局，统筹推进“三生融合”“生态秀美、容貌整洁、产业繁荣、宜居宜业”的美丽西乡特色彰显。精心打造2个省市级文化旅游名镇和4个省级乡村振兴示范村，建成美丽乡村和生态文明建设示范村百余个，省市级绿色文明示范单位30个，先后荣获“国家级生态示范区”“国家卫生县城”等诸多荣誉。

骆家坝雨后春色

甘肃省陇南市两当县

示范区

处处皆景的深呼吸小城

两当地处甘陕交界、西秦岭腹地、长江上游嘉陵江流域，全县森林覆盖率 74%，林木绿化率 83%。近年来，两当县委、县政府认真贯彻习近平生态文明思想，发挥特色优势，积极探索“生态立县、绿色发展”的新路子，全力以赴争创国家生态文明建设示范县，取得了良好工作成效。

健全生态制度体系。成立生态文明建设工作领导小组，定期不定期研究创建工作，高标准完成规划编制，制定下发实施方案，提高生态文明考核权重，全县上下形成了齐抓共管的工作格局。

着力发展绿色产业。举全县之力打造"养生福地，旅游胜地"。2017年旅游综合收入达到4.3亿元。坚持绿色发展理念，持续巩固特色产业，核桃、食用菌、生态放养鸡、中华蜂，中药材产业发展态势良好。

嘉陵江灵官峡

逐步改善环境质量。制定大气、水、土壤污染防治计划，加大环境监管执法力度。"十二五"以来，县域生态状况指数达到68.57，城区空气质量各项指标年均值优于国家Ⅱ级标准，环境噪声达到国家2类区标准，集中式饮用水水源地水质均达到优良（Ⅲ类及以上），地表水水质达标率100%。

度假胜地

大力实施生态联创。强力推进生态村、乡（镇）、县"三级"联创工作，累计建成省级生态乡镇12个、美丽乡村示范村3个。先后获得"中国绿色名县""全国园林县城""全国绿化模范县""全国休闲农业与乡村旅游示范县""国家卫生县城"等称号。

云屏人家

第三批国家生态文明建设示范区

北京市密云区

示范区

密云高标准、高要求提出“争创国家生态文明建设示范区，打造践行习近平生态文明思想典范之区”奋斗目标。为此，成立区委生态文明建设委员会，强化顶层设计和统筹协调，全面提高生态文明建设水平，持续深化推进创建工作。深化创新生态文明体制改革，建立生态涵养区与平原区结对协作机制、生态环境保护协调机制等跨区域生态文明建设新机制。

密云水库执法体制改革取得突破，成立密云水库综合执法大队，集中行使各部门的 220 多项执法权力，在全国率先实现区域性综合执法。成立全市首家环境安全保卫警察队伍，加大保水力度。全面

水库候鸟

启动水库一级保护区和上游河道“定格、定人、定责、定章”网格化管理，落实“六护”(护水、护河、护山、护林、护地、护环境)机制，形成“全覆盖、全天候”监管模式。目前，密云水库蓄水量近 27 亿米 ^{3}，为 21 世纪以来最高水量，水质始终保持在国家地表水Ⅱ类标准以上。

产业发展形成“产业生态化、生态产业化”密云模式，“蜂盛蜜匀”产业发展模式形成示范引领效应，实现生态惠民。通过发展蜂产业，形成环水库蜂产业带，全区 362 户低收入农户实现养蜂“脱低致富”。蜜蜂授粉直接推动了全区植物遗传多样性保护，丰富了物种组成，增强了植被涵养水源、保持水土及调节区域气候等生态系统服务功能。

蟠龙山长城

密云水库

天津市西青区

示范区

西青位于天津市西南部，是天津市环城四区中地域面积最大的行政区。近年来，西青大力开展国家生态文明建设示范区创建工作，坚持规划先行，并长期抓好落实。

不断优化产业结构，推动经济发展绿色转变。全面实施“散乱污”企业分类治理和工业园区（集聚区）整合，加快实施创新驱动战略，大力发展高端制造业，主导产业规模占工业比重达 64.7%，西青经济技术开发区获评“国家级绿色园区”。建设高端高效都市农业体系，以发展蔬菜、花卉、食用菌生态养殖等产业为依托，形成“一带八板块”的农业产业布局。加快服务业发展，检验检测、科技研发等生产性服务业和高端商贸、文化旅游等生活性服务业加速繁荣，2018 年，第三产业占全区经济的

稻海飘香

运河古镇

比重达 39%。

狠抓环境治理，深入推进大气污染防治和水污染防治，全区 $PM_{2.5}$ 年均浓度由 2013 年的 91 微克 / 米 ^{3} 下降至 2018 年的 57 微克 / 米 ^{3}，累计下降 37.4%，空气环境质量大幅改善。黑臭水体全面消除，自然生态保护与修复持续加强，推动生态环境质量绿色转变。

坚持"全民共建、全民共享"，合理规划人居布局，高标准开展示范小城镇建设，努力改善城乡环境面貌，推动群众生活方式绿色转变。强化制度建设，切实加强生态文明建设组织领导，建立健全生态文明建设体制机制，推动执政体系绿色转变。

河北省承德市兴隆县

示范区

雾灵山色

兴隆位于承德市最南端，地处京津唐承四城市结合部，形成“一县连三省”的独特区位，京沈高铁建成通车后，兴隆县城到北京仅需 18 分钟，承平高速建成通车后，兴隆县城到首都机场仅需 40 分钟。兴隆曾被划为“清东陵后龙风水禁地”，封禁达 254 年，森林覆盖率 71.25%，居华北地区县级首位，是京津“凉岛”和“天然氧吧”；县城负氧离子含量每立方厘米八千个左右，二级以上天数

兴隆万佛山

达到305天；全县年均降水800毫米左右，比京津地区多200毫米左右；平均海拔1 000米，夏季平均气温22℃，比京津地区平均低10℃，年均地表径流7.4亿米^3，每年向京津输水5亿米^3，是京津的重要水源地。

凭借丰富的自然资源、完好的生态环境、独特的区位条件，兴隆先后获得“中国最美丽县”“中国最具原生态景区”“全国深呼吸小城100佳”“中国避暑休闲百佳县”“全国森林旅游示范县”“京津冀重点生态旅游目的地”等多项殊荣。

近年来，兴隆以“生态立县”为首要发展战略，以“国家生态文明建设示范区、国家全域旅游示范区、环首都休闲养生微中心”创建为载体，将生态环境保护工作作为一项重大政治任务抓紧抓实，生态文明建设取得重要成果：2019年$PM_{2.5}$平均浓度为33微克/米^3；11个地表水监测断面达到或好于考核标准，其中入京墙子路断面达到Ⅰ类水质标准。

兴隆柳河

山西省长治市沁源县

示范区

沁源生态环境优良，森林覆盖率为60%，是全国“油松之乡”。境内有山西灵空山国家级自然保护区、沁河源国家湿地公园，生物多样性丰富，并得到有效保护。连续5年获评“中国深呼吸小城100佳”，荣获“中国绿色名县”“中国生态魅力县”等荣誉称号。

沁源把生态文明建设作为全局性、战略性的重大任务来抓，制定并实施了《沁源县生态文明建设规划》《沁源县自然资源负债表》《沁源县生态文明建设实施方案》《沁源县突发生态环境事件应急预案》，将生态保护和建设成效纳入干部考核指标体系和绿色GDP指标体系，开展自然资源资产离任审计，落实生态环境损害责任追究。建立完善“河长制”“林长制”。

大气、水环境质量持续改善，达标率持续提高。工业固体废物、危险废物实现规范化管理。开展生活垃圾分类，城镇生活垃圾无害化处理率、农村无害化卫生厕所普及率全部达标。单位地区生产总值能耗、单位地区生产总值用水量、碳排放强度完成上级规定的目标任务。政府绿色采购比例达 85% 以上。自然生态空间格局不断优化，初步划定生态保护红线，并开展勘界定标试点，加大重要环境功能区的保护力度。加快发展生态旅游，积极打造文旅融合的战略性支柱产业，大力实施乡村振兴，荣获“全国品牌农业示范县”“中国乡村振兴示范县”。

荷塘夜色

沁源湾

山西省晋城市沁水县

示范区

雪红坪风光

沁水以创建国家生态文明建设示范县为指引，拿出“不破楼兰终不还”的气势，立足山清水秀的实际，改掉以往“一煤独大”局面，形成“一盘棋”合力，实现了生态环境与经济建设齐头并进，空气质量排名全市第一，森林覆盖率达到48.6%，县域经济综合实力排名稳居全省A类县（市）第一方阵。

经济发展以“绿”为引领，释放煤炭先进产能，发挥无烟煤优势，加大环保投入力度，推动煤炭的清洁高效利用，推动多元化产业发展格局的形成，不断探索转型升级之路，厚植绿色发展势能，助推沁水经济可持续发展；旅游以“绿”为基调，实施生态环境全方位保护，强化景区景点自然魅力，并搭建农林文旅康融合发展框架，加速乡村旅游发展，全县旅游收入突破百亿元大关；生态环境从城市到乡间围绕“拆、清、治、整、建”五字方针，乡村面貌大变样，人居环境大改善。见缝插绿、护绿补绿，小游园小景观遍布犄角旮旯，绘就了“一城山水半城园”美丽画卷，打造了移步换景的美丽环境，引导沁水人民形成了一种崇尚绿色、维护绿色的自觉。

沁水从厚植经济发展的“绿色动力”、释放全域旅游的“绿色魅力”、激发万千民众的“绿色活力”三方面入手，将绿色潜力释放得淋漓尽致，有效提升人民群众的获得感幸福感满意度，交上了一份漂亮的“绿色答卷”。

美丽乡村

县城远景

内蒙古自治区
鄂尔多斯市康巴什区

示范区

康巴什是京津风沙源治理工程的重点实施区域。自建设之初，康巴什就决心不走“千城一面”的老路，城市设计上坚持“随坡就势、高低起伏”，最大限度保留原有地势地貌，打造低层、低密度、低容积率、高绿化率的现代化草原新城，形成了当前舒展大气的独特城市风貌，探索出了一条资源富集地区转型发展、绿色崛起的新路子。

秉持“城在园中建，人在景中居”建设理念，建成各类公园绿地 18 处，人均公园绿地面积达 113 平方米，城市绿化覆盖率达 42.63%，成为全国唯一一个以城市景观为载体的 AAAA 级旅游景区，并获评“全国首家环境艺术示范试点城市”。

公园之城

丝路文化

多年来，康巴什圆满完成了三北防护林、碳汇林等一大批国家和地方重点生态林项目，建成投用了污水处理厂、中水管网等一系列重大环保民生工程，生态环境有了明显好转，生态品质得到显著提升，生态环保意识成为城市精神和市民文化，实现了从草原荒漠农业乡村到绿色宜居现代新城的跨越发展，成为鄂尔多斯唯一一个不依靠煤炭和能源发展的旗区。

如今，一弯环城水系、三条生态林带、十八处公园绿地、300 千米中水管网、万亩烂漫花海，共同构筑起了“环城笼翠、四季常绿、三季有花”的良好生态格局，成为祖国北疆亮丽风景线上一抹明艳的绿色，为西北荒漠草原地区其他城市实现绿色发展提供了可资借鉴的宝贵经验。

乌兰木伦四号桥

内蒙古自治区呼伦贝尔盟根河市

示范区

根河夜色 甘向东

根河地处祖国北疆大兴安岭腹地，是国家重点生态功能区，是内蒙古自治区唯一的纯林业城市，面积20 010平方千米，森林覆盖率91.7%。这里气候寒冷，被国家授予“中国冷极”称号，这里有中国最后的狩猎部落，民族文化厚重，这里有全国唯一的集中连片的寒温带原始针叶林，生态优良，动植物种类繁多，是祖国北疆生态安全屏障的重要组成部分。

中国最后的狩猎部落——敖鲁古雅乡全景

根河市委、市政府认真贯彻落实习近平生态文明思想，紧紧围绕“五位一体”总体布局和“四个全面”战略布局，牢固树立“绿水青山就是金山银山”理念，制定了各类以生态保护为前提的发展规划，加强生态环境保护和治理，建立健全可持续发展的长效机制，构建了符合地区实际的生态产业体系、生态文化体系、生态人居体系、生态环境体系、生态制度体系。在地区发展过程中，根河以生态市建设为统领，逐步形成了生态文化旅游、绿色产品加工以及新兴产业等产业支撑体系。在经济高质量发展的同时，县域生态环境持续转好，2018 年被生态环境部列为县域生态变好的地区，县域生态环境变化评价综合考核结果位列全区 43 个参评县域第 1 位，同时位列全国 818 个参评县域第 10 位。

曾经为国家建设做出了巨大贡献的林区人民，又担负起了新的历史重任，他们在党和政府的领导下，在生态优先、绿色发展的道路上阔步前进，全力为保护好祖国北疆生态安全屏障再立新功。

根河源国家湿地公园

中国唯一的驯鹿种群

内蒙古自治区兴安盟乌兰浩特市

示范区

乌兰浩特作为内蒙古自治区政府诞生地，以习近平生态文明思想为指导，认真践行“绿水青山就是金山银山”理念，把改善民生作为创建工作的出发点和落脚点，把生态文明建设作为优化发展环境、推动县域经济转型的重要抓手，坚持环境整治与生态保护并举、生态建设与经济发展同步，人居环境明显改善，产业升级步伐明显加快，生态环境容量明显提升。在全国“城市双修”试点城市、全国城区老工业区搬迁改造县级试点城市的基础上，继续坚持力量向生态环保聚结、资源向生态环保聚合、要素向生态环保聚集，着力破除要素、资金瓶颈制约，倾力打造生产生活生态、宜居宜业宜游的美丽红城。

坚持高规格保障，高水

绿色有机无公害产品种植

天骄天骏矿坑生态修复

平规划，与脱贫攻坚、全域旅游、乡村振兴深度融合，全方位统筹推进生态文明建设示范市创建工作。坚持高标准实施，以人与人、人与自然、人与社会和谐共生为宗旨，以节约优先、保护优先、自然恢复为主导，努力构建节约资源和保护环境的良性互动发展格局，全力打好污染防治攻坚战。2016 年以来，环境空气质量综合指数在全国 337 个城市名列前茅，实现三连增。地表水水质优良比例多年保持 100%，2018 年全市无劣 V 类水体和黑臭水体。坚持高品位建设，全维度打造红色、生态、活力、健康、幸福的“山水园林、文化旅游、宜居宜业”城市，让人民群众享受更多绿色福利。

辽宁省盘锦市双台子区

示范区

建在宝贵自然资源辽河湿地之上的双台子，始终坚持以绿色发展理念推动产业振兴，始终贯彻“边保护边发展”的发展方针，致力于打造创新、协调、绿色、开放、共享的现代化滨河城区。把“绿

城区全貌

花园式工厂

水青山就是金山银山”理念真正落实到双台子区各项建设中去，在全区牢牢树立起市民和企业对城区湿地和水资源生态的保护意识。

在政府、企业和市民的共同努力下，双台子在过去的几年里取得了突出成效。在党政一把手亲自抓、分管领导具体抓、相关部门共同参与的工作模式下，双台子区生态文明建设体系逐渐完善。近年来，实现地区生产总值及各项财政收入的同比快速增长。对于区内各生产项目严制度、严审核、严监管，对任何忽视和违反相关法律制度的企业采取零容忍态度，保证了在经济快速发展的同时，生态系统持续稳定。着力打造并维持区内的“零环境污染事故”，有效开展水、气和土壤相关的污染治理和防范措施，区内环境空气质量综合指数位居全市第一，2018 年，环境空气质量达标率 85%，PM_{10}、$PM_{2.5}$ 年均浓度为 52 微克 / 立方米和 31 微克 / 立方米，城镇污水处理率、城镇生活垃圾无害化处理率均达到 95%。推动生态村建设，在各乡村推行现代化农业建设，建设了一批现代化农业园区。把生态文明建设与美丽乡村建设结合，提升了全区人民的幸福感、获得感和安全感。

辽宁省盘锦市盘山县

示范区

盘山始终坚持以习近平新时代中国特色社会主义思想为指导，牢固树立“绿水青山就是金山银山、冰天雪地也是金山银山”理念，坚持抓源头、强整治、重长效，全面加强生态环境保护和生态文

美丽乡村

稻田画

明建设，生态文明建设成效初步显现，环境空气质量优良天数比例达 81.51%，集中式饮用水水源地水质达标率、村镇饮用水卫生合格率、生活垃圾无害化处理率均达到 100%。

以城乡一体、全域发展为核心，大范围拓展发展空间，推进城乡一体规划、建设、管理、发展，逐步实现居民城乡转换、农业传统现代转型、农村社会向城市社会转变。通过宜居乡村建设，践行生态文明理念。层层组建强有力的工作机构，形成自上而下立体化工作体系。编制《宜居乡村建设环境管理办法》，明确垃圾、污水、道路等责任主体、考核办法、责任追究等内容，把城乡内在质量做优，改变农村生产生活方式，增加群众福祉，着力推进燃气、供水、生活垃圾集收运处理、污水处理、客运公交、通信 6 个方面城乡一体化工程，通过把城乡载体做大，承载更大经济总量，实现固定资产投资与地区生产总值增幅相适应，推进全面转型。推动环境优势转化为经济发展优势，构建“全域旅游”发展格局，以景区化理念创建优美环境，以园林化标准扮靓乡村田园，把农村民宿产业、休闲产业等业态发展起来，筑牢可持续发展的坚实基础。

吉林省通化市

示范区

市区雪景

老虎哨

通化地处长白山腹地，文化底蕴深厚，自然风光秀丽，生态环境优美，旅游资源丰富。近年来，积极统筹推进新时代“五位一体”总体布局，大力调整产业结构，强化污染防治攻坚战，全力打造吉林省东部绿色转型示范区建设。全市6个县（市、区）、59个乡镇、685个村，已创建2个国家级生态文明建设示范县、2个省级生态县、52个生态乡镇、584个生态村；出台实施18个专项行动方案，生态环境质量明显改善，2018年空气质量优良天数达到330天，优良天数比例达到92%；6条黑臭水体全部完成整治，12个国省控监测断面水质全部达到考核标准，5个县级以上城市饮用水水源地水质优良比例达到100%；土壤环境质量稳步提升。

通化积极推进传统产业升级改造，调整压减化工、纺织、冶金、矿产、建材等资源消耗重、污染排放高的重化落后产业；发展现代中药、医药健康、绿色食品等绿色产业；大力发展玄武岩纤维、石墨稀、富勒稀等新材料产业；打造以“红色之城、康养通化”为品牌的森林养生、避暑休闲、冰雪旅游等特色旅游产业。

如今的通化，山中有城、城中有水、山城相融、山水相依，是一座天然生态氧吧，森林覆盖率67.27%。通化市加快推进绿色转型全面振兴发展，持续改善生态环境质量，实现高质量发展和生态环境保护协同共进，成为一座山青水秀天蓝的美丽城市。

白鸡峰

城市全貌

吉林省通化市梅河口市

示范区

辉发河沿岸湿地公园

生态花海

梅河口位于吉林省东南部，素有“长白山门户”之称，面积 2 174.6 平方千米，人口 70 万人，是吉林省中部与东部核心区的节点城市，吉林省东南部重要商贸物流中心、东南部区域中心城市。

十八大以来，梅河口在党中央领导下，在习近平生态文明思想指导下，牢固树立“绿水青山就是金山银山”理念，努力建设生态文明。持续在治水、治气上深化生态环境治理工作，使辖区水环境质量、大气环境质量得到明显改善。2018 年，全面消除劣Ⅴ类水体，并大幅度提高优良水体比例。空气优良天数由“十二五”期末的 248 天，提高到 2018 年的 334 天，优良率达到 92%。生态环境质量位居全省前列，公众对生态文明建设满意度达到 94% 以上。在发展绿色产业、绿色能源、绿色生活、绿色消费上实践创新，走出一条生态兴市发展道路。

生态产业迅速发展，三产结构比例达到 3.8∶42.6∶53.6，在吉林省乃至东北地区处于领先地位。“十三五”主要经济指标增长速度年均保持在 10% 以上，地区生产总值连续 4 年位列吉林省县域第一位。获得“全国综合实力百强县市”“全国投资潜力百强县市”“全国新型城镇化质量百强县市”和“全国绿色发展百强县市”4 个“全国百强县市”荣誉。全市生态环境质量明显改善，生态文明建设水平显著提高，人民生活更加富裕，获得感进一步增加，幸福指数全面提升。

辉发河湿地公园

吉林省梅河口市海龙湖湿地公园

黑龙江省黑河市爱辉区

示范区

青山红树

江山如画

爱辉位于东北边陲黑龙江畔，面积 14 372 平方千米，林草覆盖率 73.57%，是全省最大的地方国有林区。“市区同城、边境口岸、寒地黑土、绿色生态”优势被充分发挥。区委政府坚持以绿色为主攻方向，生态农业蓬勃发展，绿色食品商标注册已达 102 个，特色品牌蜚声省内外，2018 年农林牧渔业总产值 17.24 亿元，比上年增长 8.1%；生态工业方兴未艾，对俄进出口、国家科技园区、国家绿色矿山试点呈规模化发展；生态旅游前景喜人，已逐步形成“一江、三道、四区”瑷珲乡野公园空间布局，建成国家级自然保护区 2 个，省级自然保护区 1 个、国家级湿地公园 1 处，2018 年全区旅游收入 8.73 亿元，同比增长 16.2%。

推进粉尘污染源治理，蓝天更蓝；128 条河流实施“一河一策”，碧水更清，2018 年以来空气质量综合指数排名持续20个月位列全省第一。全区国、省控水体断面持续保持Ⅲ类水体以上。落实土壤环境质量状况定期调查和监测制度，推广实施耕地轮作，净土更肥沃。环境卫生持续治理，美丽乡村宜游宜居。“瑷珲上元节”“古伦木沓节”“库木勒节”“颁金节”等再现历史民俗盛况的区域特色节庆活动，让生态文化源远流长，更凝聚了全区各族人民热爱家乡建设家乡的巨大力量。优异的绿色发展之路，打造了爱辉区优美的生态环境、优越的经济发展和优品的美好生活。

岭树波光

大地龙行

江苏省南京市溧水区

示范区

洪蓝涧东村万亩草莓大棚

近年来，溧水坚持以习近平生态文明思想和视察江苏重要指示精神为指导，在2013年创成国家生态区的基础上，坚持“绿水青山就是金山银山”理念，改革创新、综合施策、精准发力，高标准严要求统筹推进生态文明建设，生态美“溧”取得显著成效。连续3年在南京市对区对标找差创新实干推动高质量发展目标考核中位列“第一等次”，全面建设小康社会水平实现程度达到97.4%，位列全省第4位，综合实力在全国百强区排名第52位，绿色发展水平排名第18位，被民革中央和省政府分别授予“民革中央康养产业实践基地”“健康江苏实践示范区”称号，2018年创成首批“省级生态文明建设示范区”。

坚持将“绿水青山”转化为“金山银山”，工业转型升级释放新动能，新能源汽车、临空产业、人工智能、健康产业的“3+1”主导产业发展体系逐步建立，“山水境、花果园、乡愁地、文艺谷”的生态旅游资源特色彰显，农业现代化发展水平多年稳居全省第一方阵。

坚持用金山银山守护绿水青山，颁布实施生态文明建设规划（2018—2020年），加快建立健全以产业生态化和生态产业化为主体的生态经济体系，率先出台《南京市溧水区生态补偿实施意见》，累计投入897亿元，落实生态补偿资金5.8亿元，严守300.55平方千米生态红线区域，基本实现全域Ⅲ类水目标，人居生态环境基础设施日益完善。

江苏省盐城市盐都区

示范区

大气自动监测站

水乡红村——柳堡村

盐都地处江苏沿海中部，是古老的县、年轻的区，盐史载誉、汉典留名，江苏里下河鱼米之乡。盐都贯彻落实习近平生态文明思想，践行“绿水青山就是金山银山”理念，在创成“国家生态区”、江苏省首批“生态文明建设示范区”和“全面小康区”基础上，抢抓机遇，争创国家生态文明建设示范区。

坚决扛起生态文明建设政治责任，制定《盐都区生态文明建设规划方案》，实施最坚强的领导，实行最严格的考核，形成创建工作合力。着力改善环境质量，确保环境安全，打好污染防治攻坚战，强化中央环保督察和“回头看”问题整改，先后关闭“散乱污”企业310家；建成10个集镇污水处理厂、18座垃圾中转站等环保基础工程，城镇生活垃圾处理率达100%，生活污水集中处理率达98%；守护生态保护红线，维护生物多样性，林木覆盖率达23.5%，城市绿化覆盖率达

43.4%，空气质量优良天数比例达 80% 以上，饮用水水源水质达标率达 100%。发展生态经济，严格控制和削减污染物排放总量；落实“河长”管水治水，实施“生态修复”“退渔还湖”“引江入湖”等保护工程。注重培育生态文化，倡导绿色生活方式，营造共建共享氛围。全区共 11 个镇（街道），创成国家生态镇（街道）9 个。全区以满足人民群众美好生活期待为方向，全力打造绿地常在、碧水长流、空气清新、经济可持续发展、人与自然和谐相处的美丽盐都。

天然湿地大纵湖

白云蓝天映古镇

江苏省无锡市锡山区

示范区

近年来，锡山生态文明建设工作始终走在全市前列，文明指数测评连续8年保持全市第一，连续5年获得省级国土资源节约集约利用评价考核奖励。环境空气质量连续3年均有较大幅度改善，全区总体水质呈改善趋势，2018年底完成了黑臭水体整治。

太湖水稻园（吴承列 摄）

3年时间全面淘汰10蒸吨/小时及以下的燃煤小锅炉，累计淘汰278台燃煤小锅炉，淘汰补助金额超千万。河道整治成效直接和河长个人的绩效考核挂钩，实行一票否决。推进环境自动监测网络建设，实现辖区内重点断面水质自动监测全覆盖和空气自动监测的镇（街道）全覆盖。覆盖拉网式农村环境综合整治试点工作的污水外运方式作为因地制宜的有效探索，为全省乃至全国农村污水处理提供新思路并推广。

生态吼山（徐美新 摄）

宜居乐活（过敏慧 摄）

锡东新貌（褚春玲 摄）

兴塘大桥（陆顺荣 摄）

积极发展休闲观光农业，在现有“全国农业旅游示范点”“江苏省星级乡村旅游点”的基础上整合资源，不断提档升级，串连发展锡山旅游。辖区锡北镇斗山南麓的水墩庵内，存有三块我国现存最早的生态保护古碑，被中科院院士贾兰坡先生称为国宝，堪称“中华生态保护第一碑”。宛山湖湿地公园成功创建成省级湿地公园，2018年成功举办首届宛山湖国际马拉松赛，获得中国田径协会授予的“铜牌赛事”荣誉称号。正在实施“美好锡山”城乡品质跃升3年行动计划，为打造全国“创新、兴业、宜居、乐活”优选理想地而努力奋斗。

江苏省连云港市赣榆区

示范区

和安湖

湿地（李浩 摄）

赣榆地处苏鲁交界、黄海之滨、海州湾畔，是江苏的“北大门”，面积 1 514 平方千米，海岸线 62.5km，自然资源丰富，生态环境优越，是国家生态区、国家卫生城市、国家园林城市。2018 年，全区 $PM_{2.5}$ 浓度 45 微克 / 米 ^{3}，同比下降 10%；空气优良率 78.9%，同比上升 12.9%。7 条入海河流中，4 条稳定达到考核目标要求，3 条水质大幅改善，4 个省考断面全面达标。饮用水水源地水质达标率、村镇饮用水卫生合格率连年保持 100%，是全省最好的饮用水水源地之一。

近年来，赣榆以习近平生态文明思想为指导，牢固树立“绿水青山就是金山银山”理念，坚持“生态优先、绿色发展”战略，大力开展生态文明示范创建工作。坚持规划引领，健全制度保障。推进产业升级，发展低碳环保产业。加大投入力度，提升生态基础设施水平。提升监管能力，实现环境管理全覆盖。加强生态文化建设，提高公众的知晓度和参与度。通过生态文明示范创建，赣榆区生态制度逐步建立，生态文明理念深入人心，生态环境质量明显改善，生态空间格局不断优化，生态工业建设卓有成效，生态农业使荒山变为“花果山”，生态宜居水平不断提高，并且在创新推行入海河流 FMBR 分布治理项目治理农村污水、打造新时代环境执法队伍、产业转型升级、秸秆综禁等方面颇具成效，实现了经济效益、生态效益和社会效益共赢。

绿色家园美如画

赣榆新城（司伟 摄）

江苏省扬州市邗江区

示范区

邗江地处长江运河之滨，具有得天独厚的生态资源。邗江始终坚持践行习近平生态文明思想，培植先进生态理念，坚持绿色发展导向，狠抓生态环境治理，生态文明建设水平不断提升。2014 年创成国家生态区、全国第六批生态文明建设试点，2018 年创成江苏省首批生态文明建设示范区。

生态管控，严厉查处环境污染。按照“保护面积不减少、核心功能不弱化、刚性约束不降低”要求，严守生态保护、耕地保护、城镇开发边界“三条红线”。以“零容忍”态度查处环境污染违法行为，推进司法联动，建立健全环境监管网格化长效机制。

绿色财富，厚植发展生态优势。始终坚持绿色发展理念，实施“绿满邗江”行动，优化城镇人居环境，精心构建公园体系，筑牢生态绿色屏障，加快建设美丽乡村。通过科学引导、总量控制、源头管控，切实做好节能、节水、节地三篇文章。

槐泗大运河生态文化公园

污防攻坚，打好“三大保卫战”。始终聚焦重点难点，加强多领域协同共治，多措并举打好“蓝天保卫战”；扎实推进江淮生态大走廊建设和邵伯湖保护治理，强化饮用水、地表水、地下水水质治理，标本兼治打好“碧水保卫战”；加强重点行业企业用地信息采集，大力开展清废行动，建立完善农药零差率配送体系，分类施策打好“净土保卫战”。2018年空气质量优良天数比例70.6%，$PM_{2.5}$年均浓度为45.3微克/米^3。

汉河秀水农家

渔民集中区

江苏省泰州市海陵区

示范区

海陵是一座拥有 2100 年历史的千年古城，水域面积 26 平方千米，占全区面积的 11%，内有凤城河与古盐运河相通，外有周山河与新通扬运河环绕，“双水绕城城伴水”独特风情让这座马可 · 波罗所赞誉的幸福之城更加水润精致。海陵先后荣获“国家环保模范城市”“国家生态区”“国家级水生态文明城市”等荣誉，2018 年获评首批“江苏省生态文明建设示范区”。

海陵坚持以习近平生态文明思想和党的十九大精神为指引，认真践行“绿水青山就是金山银山”理念，全面落实部、省《合作框架协议》，环境执法、土壤治理、生态提优等工作走在全省乃至全国前列。

海陵生态旅游标志性建筑——望海楼

全力推进生态文明建设“五大转变”：创新引领，实现“人工治水”向“智慧治水”转变，打造“一网、一台、一径、一队”的水环境智能化管理升级版，全区 5 个省考及以上断面水质达到或优于Ⅲ类比例；共建共享，实现“单打独斗”向“国际合作”转变，中国—丹麦首个污染治理合作项目落户海陵；执法变革，实现“末端管理”向“主动作为”转变，新法运用稳居全国前十；民生赋能，实现“点源治理”向“生态建设”转变，上争中央水污染防治补助资金 1.382 5 亿元，占全省资金总额的 68%，全省居首；科学治污，实现“外行管理”向“专家治厂”转变，形成政府“监管 + 服务”、企业“他律 + 自律”的良好格局。

特色生态农业旅游－香草湾

水润海陵

江苏省徐州市沛县 示范区

沛县认真践行习近平生态文明思想，探索和尝试新制度，完善长效新机制，凸显生态文明建设成效。

建立联防联控新机制，有效遏制环境污染。探索建立跨界水体生态补偿机制，与山东省建立舆情通报制度、联合执法制度、会商会办制度，建立跨区域污染联防联控机制。全国首创治水管水的五联机制，受到国家主要媒体报道。开展煤矿塌陷地修复，打造山水林田湖草生命共同体的“沛县生态圈”，建立集环境补偿、资源补偿、用地保障、失地农民生活保障于一体的采煤塌陷区生态补偿机制与政策，形成矿地融合发展新模式。

安国国家湿地公园

沛县县城－水清岸绿的滨湖小城

沛县乡村

推进垃圾分类和资源化利用，树立垃圾减量化典范。2017年，被住建部确定为全国农村垃圾分类和资源化利用示范县，“户分类、村收集、镇回收、有机垃圾生态处理”运作模式在全县初步形成。沛县垃圾分类工作被中宣部列为2018年重点新闻选题。探索开创新模式，建立长效管理新机制。城乡污水建设和运行、城乡供水全部实行市场化托管模式；创新城乡垃圾收集和转运市场化长效模式，“3个1”模式得到全国推广，垃圾无害化处置率100%；建立城市管理五位一体，全面提升城市河道管护和城市管理水平。挖掘汉文化资源，打造全域生态旅游示范区。高水平编制汉文化建设发展规划，重塑汉文化主题景观；新建一批全域汉文化和生态结合的生态文化旅游线路。

大沙河

浙江省杭州市西湖区

示范区

西溪秋韵

龙坞茶镇

西湖区认真贯彻习近平生态文明思想，按照“美丽中国”“美丽浙江”“美丽杭州”建设战略部署，紧紧围绕加快打造“全面小康、全域美丽、全民幸福的首善之区”奋斗目标，大力推进“转型升级、美丽西湖、幸福西湖、平安西湖、西湖先锋”五大行动，走出了一条西湖特色的生态文明建设之路，被浙江省人民政府命名为“2018 年度美丽浙江建设工作考核优秀单位”，连续 6 年被评为“杭州市生态文明建设优秀单位”。

着力加强组织领导，全民参与氛围浓厚。按照“政府统一领导，部门协调联动，群众积极参与，社会广泛支持”要求，构建全社会齐抓共管长效机制，形成全区上下齐抓共管生态环境保护工作、齐心协力推进生态文明建设示范区创建良好局面。着力打造美丽西湖，生态环境明显改善。坚持以人民为中心发展思想，聚焦人民群众反映突出的环境污染问题，系统推进“五水共治”“五气共治”等工作，生态环境质量持续改善，全区环境空气质量优良率连续多年排名主城区第一，成功夺取浙江“五水共治”最高奖项“大禹鼎”。着力深化转型升级，绿色发展加快推进。认真贯彻高质量发展要求，狠抓产业结构转型升级，三次产业比重调整为2018年的0.3：9.2：90.5；积极推进绿色发展，2018年实现文创产业增加值430.6亿元，实现旅游总收入310.2亿元，实现信息经济增加值300.2亿元。

富春江饮水工程

双浦镇沿山南渠河道整治成效

浙江省宁波市北仑区

北仑太河风光

北仑是宁波—舟山港的核心所在地，陆域面积614平方千米，海域面积258平方千米，海岸线150千米，常住人口90多万。

北仑拥有五个国家级开发区，是华东地区重要的能源原材料和先进制造业基地，是浙江省对外开放程度最高、综合实力最强的区域。2018年，全区实现地区生产总值1 630亿元，10项总量指标位居宁波市第一，综合实力跻身全国县（市、区）第一方阵。

历届区委、区政府高度重视生态文明建设，坚持以习近平生态文明思想为指导，深入贯彻“绿水青山就是金山银山”理念，以“青年北仑、数字北仑、美丽北仑”为载体，全力打造现代化临港智创之城，建设国际化滨海秀美之城，相继成为“国家循环化改造试点”、“国家环境污染第三方试点”、“首批国家低碳工业园区试点”、全国第一批“河湖管护体制机制创新试点”、“国家生态工业示范园区”、“国家生态区”。

坚持政府主导、全民参与、规划引领、体制创新、产业转型融合发展，全力打响污染防治攻坚战。2018年$PM_{2.5}$浓度降至28微克/米³，六项指标全部达到国家Ⅱ级标准，四次捧获全省五水共治“大禹鼎”，斩获治水最高荣誉“大禹银鼎”，成功走出一条“生产、生态、生活，宜居、宜业、宜游”的现代化工业发展道路，实现了临港经济与生态文明双赢共融，为打造临港工业生态文明建设提供“北仑样板”。

大榭二桥雄姿（梁善浩 摄）

花开泰山路（蒋晓东 摄）

浙江省舟山市普陀区

示范区

普陀充分利用地理区位、海洋资源和生态环境优势，着力创新和完善海陆一体环境管理体系，推动人、岛、海和谐相处，生态环境保护与经济建设、生态文明制度与社会发展协调共进，大力弘扬海岛生态文化，把全区打造成居者自豪、来者艳羡的海上花园会客厅。

率先全国出台渔港水域污染防治管理地方政府规范性文件，实施“蓝色海湾整治行动”，全面开展海岛、渔港岸线生态修复，综合施策建设海洋特别保护区和海岛核心区块，提升海洋生态系统服务功能，生态环境质量优势明显。近 3 年，地表水环境质量达到或优于Ⅲ类比例 100%；2018 年环境空气质量优良率达 93.8%，环境空气质量位居全省乃至全国前列。坚持绿色发展，提升改造船舶修造和

东港新城

水产加工两大传统产业；大力发展大健康、大旅游、大科创、大文化四大新兴产业；积极搭建创业创新平台，同步推进楼宇经济和总部经济，构建“2+4+X”产业发展体系，第三产业占比上升至 59.0%。依托优良自然生态基础和深厚历史人文底蕴，走商旅文产业融合之路，探索海洋生态产品价值实现新模式；打造全岛全景、主题示范岛以及美丽海岛景观带，推进全域旅游，群众获得感和幸福感明显提升，获评“中国最美海岛旅游休闲度假目的地”“2018 年中国最具幸福感城市”，成为省首批 10 家大花园典型示范建设唯一海岛县区。

东港城市湿地

中街山列岛国家级海洋特别保护区

浙江省温州市泰顺县 示范区

自2014年创成国家生态县以来，泰顺认真贯彻落实习近平生态文明思想，牢固树立“绿水青山就是金山银山”理念，一以贯之实施“生态立县、旅游兴县”战略，紧扣绿色高质量发展主旋律，唱响生态大搬迁、生物多样性保护、旅游主业化生态强音，先后获得全国首批“碳汇城市”、“中国最美乡愁旅游目的地城市”、“中国天然氧吧”称号。林草覆盖率达76.54%，Ⅱ类水以上水体比例达100%，空气质量优良率、县界出界水质达标率、生态环境状况指数等主要环境数据均位居全省前列。

生态产业—稻花

畜禽养殖污染源转化项目云岚牧场

深入实施生态搬迁，打通生态富民空间。创新搬迁政策，全力保障民生，攻坚增收致富，使老百姓“下得来、稳得住、富得起”；全县近8万人实现“乾坤大挪移”，走出深山，走向幸福。

强化生物多样性保护，建立最安全的生态屏障。积极推进生物多样性国际项目示范县建设，建立院士专家工作站，长期开展生物多样性保护研究工作，“鸟

中大熊猫”黄腹角雉通过人工繁殖成功，实现从濒危到种群数量500只以上，为挽救濒危物种做出重大贡献。

大力发展生态经济，做好“绿水青山就是金山银山”转化文章。旅游主业化、全域景区化蓬勃发展；实施乡村振兴战略，打造最美生态家园。创新实施“一包六必抓”工作制度，在全省率先探索乡镇考绩“要素生态化配置综合改革”，为持续推进生态文明建设提供强有力保障。

浙江省湖州市德清县

下渚湖

莫干山（汪翔 摄）

2001年，德清就确定了“创经济强县，建生态德清”战略目标。坚持把绿色发展理念融入经济社会发展各方面，在保护中发展，在发展中保护，打好污染防治攻坚战，探索出了“九法治水”举措和河湖“精细化”管护模式，启动“河湖健康体检”和公众护水平台，连续5年获得全省“五水共治”优秀县“大禹鼎”。重拳出击“治扬尘、治废烟、治尾气”，2019年环境空气质量达到Ⅱ级标准。

“叶子变票子”的样板地。在习近平总书记“绿水青山就是金山银山”理念的指引下，坚持把护美“绿水青山”抓紧抓实，2014年成功创建了“全国生态县”；依托县域的众多“绿水青山”，打响“名山湿地、休闲德清”旅游品牌，发布《中国·德清乡村民宿标准》，创新培育了以“洋家乐”为代表的高端休闲度假新业态，是浙江省首批“两美浙江生态体验地”，莫干山因此被《纽约时报》推荐成为全球值得一去的45个地方之一，入选“世界十大乡村度假胜地”。

晨韵（沈立明 摄）

“绿水青山就是金山银山”转化的模范生。“绿水青山就是金山银山”转化的成功实践，生态文明建设与经济发展高度统一、同步协调发展，使德清县成为“联合国2030可持续发展样本”，在2018年联合国首届世界地理信息大会上面向全球发布，向全世界展示了德清这个中国生态文明、经济与社会可持续发展的县域样本。2019年德清为综合实力百强县第36名，绿色发展百强县第31名。

莫干山镇劳岭水库（朱伟 摄）

浙江省金华市义乌市

示范区

义乌江边秀丽风景

义乌不靠海、不靠山、没资源，无中生有建设出世界最大的小商品批发市场，成为我国改革开放18个典型地区之一。多年来，义乌始终贯彻习近平新时代中国特色社会主义思想，全面践行“绿水青山就是金山银山”理念，高质量打好污染防治攻坚战，高水平推进生态文明建设，走出了一条富有自身特色的经济发展与环境改善互促共赢之路。

在制度顶层设计上，科学编制生态环保全域规划，一张蓝图画到底，一任接着一任干；创新镇街生态环保“红黄旗”月度竞赛等工作考核机制，细化落实各方责任，全面构建生态环保工作大格局。在生态环保治理上，狠抓源头治理，精准打出五水共治、蓝天保卫、城乡环境综合整治、无废城市创建等系列组合拳，累计投入200余亿元建成一批污水处理、垃圾焚烧、危废收储、生态廊道、城市绿肺等项目，实现污水处理城乡一体化全覆盖，工业废气重点源治理全程监管，生活垃圾处理“零填埋”全量焚烧。在常态长效管理上，制定污水源头治理系列“义乌标准”，建成全省首个大气治理数字化转型平台，率先实施环评领域“最多跑一次”改革，创新排污权差别化配置等环境管理制度，推动全域生态环境质量得到显著改善。地表水断面全部达到或优于Ⅲ类水，空气质量达到国家Ⅱ级标准，荣获“国家生态市”“国家森林城市”“美丽浙江十大特色体验地”等称号。

城市金融小镇会客厅

浙江省金华市磐安县

示范区

始丰溪

湖上村

磐安位于浙江中部，面积1 196平方千米，人口21.3万，是全国首批“国家级生态示范区”、“国家生态县”、“国家重点生态功能区”。

绿色是磐安最鲜明的底色，生态是磐安最突出的优势。森林覆盖率达83.77%，地表水环境质量全境达到Ⅱ类，空气质量优良率保持在98%左右，$PM_{2.5}$年平均25微克/米^3，县域负氧离子含量平均值3 576个/厘米^3，最高值达到8.6万个/厘米^3，是名副其实的“天然氧吧”。磐安始终把生态文明建设作为富县之本、强县之基，一任接着一任干，持之以恒、久久为功。

磐安是浙江绿色发展的先行地。始终坚持以绿色为底，切实扛起“守浙中一方净土，送下游一江清水”的责任使命，用绿水青山在浙中地区构筑起一道坚实的生态屏障。始终坚持以生态为基，科学划定生态保护红线，严格控制工业发展区域，高要求把关项目落地，一张蓝图绘到底，守护好绿水青山。始终坚持以富民为本，牢记习近平总书记的殷殷嘱托，开创农家乐发展新模式，树立了中药材产业的新标杆，打造了全域旅游的新样板，努力打通“绿水青山就是金山银山”转换通道，让广大群众共享生态文明建设成果。始终坚持生态和经济同抓，发展与保护并举，矢志不移地走绿色发展之路，实现了生态环境质量稳步提升、群众不断增收致富的“双赢”。“绿水青山就是金山银山”理念在磐安得到了很好的实践和证明。

中药材产业

香菇产业园

浙江省台州市天台县

示范区

泳溪香米节（车邦国 摄）

仙谷之晨（薛宏 摄）

天台，立县近 1 800 年，生态环境优越，文化底蕴深厚，旅游资源丰富。和合天台，以山为骨、以水为韵、以绿为脉、以文为魂。和合之地的“名县美城”战略为生态文明示范创建提供了新实践、新成果和新经验，其“全域大花园、美丽经济带、文化示范区”三大实施路径也已成为天台社会共识。

打造精品扮美全域。天台按照“一带两环五线”空间布局，抓环境、造精品、串点成线、扩面提质，打好美丽县城、美丽城镇、美丽乡村、美丽庭院、美丽公路“五美”组合拳，建成 3.7 万个美丽庭院示范户，126 个美丽乡村、8 条风景线、25 条美丽公路，彰显了全域秀美。

深耕美丽激活生态。天台坚持“扶强、活小、整治、搭台”的工作导向，推动传统产业优化升级，不断增强产业创新力和竞争力，加快形成“大健康、大车配、大旅游 + 优特新”产业体系。持续发力“一业融五化”，加快推动文化、农业、工业、体育、城市与旅游的深度融合，建设“一心两区三镇”，营造“处处能旅游、时时可旅游、行行加旅游、人人享旅游”的大旅游发展格局。

传承和合弘扬精髓。将和合文化精髓融入经济发展、城市建设、社会治理、对外交流等各方面，促进和合文化创造性转化和创新性发展，建设独具魅力的“和合圣地”，打造和合文化传播地、标志地和中华优秀传统文化传承发展示范区。

和合圣地杯（葛昌晓 摄）

寒山湖

安徽省宣城市宣州区 示范区

和谐家园

宣州区宛陵湖生态湿地公园

宣州区地处皖东南，毗邻苏浙沪，是宣城市唯一市辖区，长三角地区重要生态屏障。面积 2 533 平方千米，人口 87 万。

宣州认真贯彻落实习近平生态文明思想，牢固树立、自觉践行“绿水青山就是金山银山”理念，全力打好蓝天、碧水、净土三大保卫战，坚持人与自然和谐共生，把生态保护作为科学发展的“生命线”，大力实施“生态立区”战略。通过加强组织领导，深化生态文明体制改革，强化污染防治攻坚，扎实开展五个“+”模式，推进河（湖）长制和持续推进资源节约等 5 个特色做法，努力打造生态文明建设的宣州样板。先后荣获“国家级生态示范试点区”“全国农产品

城区全景

洪林镇现代农业示范区花海

杨柳现代农业科创园

标准化综合示范区”“国家农产品质量安全县”“全国绿化模范县”“中国茶业发展示范县”“安徽省生态文明建设示范区”等光荣称号，并助力宣城市创成“全国文明城市”“国家卫生城市”“国家生态文明建设示范市”。

近几年来，宣州不断释放红利，环境质量呈现稳中趋好的态势，2018年PM_{10}平均浓度为63微克/米^3，$PM_{2.5}$平均浓度为42微克/米^3，环境空气质量优良天数比例为87.7%。3个断面水质达标率为100%。两个城市集中式饮用水水源地和12个乡镇集中式饮用水水源地取水达标率为100%。水阳、狸桥、水东入选“全国综合实力千强镇”，洪林镇入选“国家农业产业强镇”，村容村貌发生革命性根本性变化，民生幸福指数持续提升。

安徽省马鞍山市当涂县

示范区

绿树怀抱的县城区

特色生态养殖

当涂深入贯彻落实习近平生态文明思想，牢固树立“绿水青山就是金山银山”理念，健全组织领导、工作保障、责任落实“三大机制”，打好蓝天保卫战、碧水保卫战、净土保卫战“三大战役”，强化执法检查、全程监管、应急管理“三大抓手”，聚焦战新产业、传统产业、现代农业“三大产业”，开展生态文明示范创建、突出环境问题整治、全域环境整治提升“三大行动”，全县生态环境持续改善。

近3年在生态文明建设和环境整治等方面投入资金超30亿元，每年投入占全县GDP的2%以上。先后荣获首批“全国县级文明城市”、“全国绿化模范县”、“国家卫生县城”、“中国最美县域”、“全省美丽乡村建设先进县”等荣誉；连续2年入围“全国绿色发展百强县”，2019年位列第76位。

目前，全县已成功创建安徽省生态乡镇8个、生态村22个、生态精品村10个、生态特色村8个、绿色社区3个、绿色示范社区5个，80%的行政村创建成市级以上生态村，6个乡镇完成生态文明建设示范乡镇规划编制；5个乡镇（园区）先后被评为“全国特色小镇”“长三角最具魅力旅游特色小镇”“省级森林城镇”“全省优秀旅游乡镇”“全省乡村旅游创客示范基地”；2个村获评“全国文明村”，桃花村入围“全国美丽宜居村庄”“全国最美乡村”。

桃花村

凌云山公园

安徽省安庆市潜山市

示范区

官庄镇官庄村

天柱山

潜山地处皖西南，素有“皖国古都、二乔故里、京剧之祖、禅宗之地、黄梅之乡”美誉。近年来牢固树立“绿水青山就是金山银山”理念，努力创建国家生态文明建设示范市。

建立机制。成立高规格创建工作领导小组，每年召开生态市创建工作会议。编制市、乡镇、村居三级生态建设规划体系。举办专题培训和讲座，营造人人保护环境、个个参与创建的浓厚氛围。

绿色发展。严格执行产业政策，推进可持续发展，全面巩固工业污染治理成果，开展废弃物综合利用。发展优质高效农业，推动农业产业化，以茶叶、瓜蒌、油茶、食用菌、畜禽、蚕桑六大特色产业为主体，扶持产业基地发展、龙头企业培育和品牌建设。以“打生态牌、念山水经、唱文化戏、走特色路”为目标，打造全域旅游模式。

综合治理。大力推进人工造林、封山育林、退耕还林和长江防护林建设，森林面积不断扩大、森林质量不断提升。建成城区和所有乡镇污水处理厂，空气自动监测站和两个国家级地表水自动监测站投入运行，建立网格化管理和联勤执法机制，实施棚户区改造和老旧小区整治。推进美丽乡村建设，试点示范全覆盖；通过政府购买服务方式引入城乡环卫一体化作业，提升管护水平；出台畜禽养殖禁养区限养区划分方案，关闭搬迁禁养区内畜禽养殖企业；全面推行河长、湖长、林长“三长制”。

万亩竹海

黄铺镇油茶基地

福建省泉州市鲤城区

示范区

柳绿水清的内沟河

临漳门（黄元清 摄）

多年来，作为全国首批历史文化名城、首届东亚文化之都泉州核心区，鲤城积极贯彻落实习近平生态文明思想，始终秉持“生态优先、绿色发展”的初心使命，以营造生态宜居环境、振兴千年古城为目标，努力构建“山水人文、全域生态”的特色生态品牌，精心组织实施宜居、碧水、蓝天、净土“四大工程”，坚持生态引领“三个融合”，形成“一山一水一古城”特色生态格局。

推动文脉延续与生态理念融合。以“古泉州（刺桐）史迹申遗”为契机，启动实施古城文化整体性保护利用提升工程，完成16个申遗点500多个环境整治项目，古城人文生态价值持续提升。推动古城修缮与生态宜居融合。结合古城生态修复、城市修补试点项目工作，以西街肃清门广场、中山中路示范段、金鱼巷“微改造”等为模板，下足微更新、微改造的“绣花”功夫，“润物无声”推进古城街巷活化保护。

实施“针灸式”绿化，新增小微绿地 83 处，中心市区“300 米见绿、500 米见园”覆盖率近 70%。推动产业升级与生态优先融合。坚持“绿色 GDP”发展理念，以国家级高新区为载体，壮大高新产业体量。通过“三旧改造”活化工业遗存，建设泉州美食城（原内燃机配件厂）、东亚之窗文创园（原机床厂）等项目，生成“小西埕”、甲第门文创园等多元业态聚集地，带动新兴文旅产业逐步兴起，三产占 GDP 比重超 60%。

龙岭社区（李祖耀 摄）

开元寺（周成贵 摄）

福建省三明市明溪县

福建鸣溪省级湿地公园

御帘村

近年来，明溪坚定不移贯彻习近平生态文明思想，践行“绿水青山就是金山银山”理念，持之以恒探索生态优先、绿色发展道路。全县生态环境质量保持全省领先，12条主要小流域和县、乡饮用水水源地水质均优于国家地表水Ⅲ类标准，空气质量常年优于国家Ⅱ级标准。获评“国家级生态县”，国家级生态乡（镇）、市级以上生态村占比分别达到100%、94.3%。连续3年全市党政领导生态环保目标责任书考评为优秀。

发展生态经济，建设绿色生态经济开发区，持续培育新材料、新医药、新能源等新兴产业，高技术产业增加值占全县规模以上工业增加值比重居三明市前列；依托生态资源，积极发展生态硒锌农业、森林康养、观鸟旅游等产业，获评“中国硒锌农产品之乡”“全国候鸟旅居小城”。加强生态保护，严守三大底线，在全省率先完成君子峰国家级自然保护区规范化建设，全面落实“河长制”，率先建成各乡镇交界断面水质自动监测及视频监控平台；实施国际候鸟迁徙通道保护与修复工程项目，建立鸟类资源智能检测和大数据平台，设立首个省级湿地公园。探索生态机制，首创新型林业普惠金融产品“益林贷”，建立修复性生态司法联动机制，在全国、全省率先实施“护鸟令”“珍稀树木保护令”。打造宜居环境，扎实推进“一革命五行动”，被列入“全国农村生活垃圾分类和资源化利用示范县”。

福建省南平市光泽县 示范区

饶坪溪小流域治理

止马镇止马溪小流域岛石段

光泽位于福建省西北部、武夷山脉北段、闽江上游富屯溪源头，面积2 240平方千米，人口16.32万。武夷山国家公园有27.58万亩林地坐落在光泽县境内，森林覆盖率达79.65%，被誉为“鸟的天堂、蛇的王国、昆虫世界、珍禽乐园”。先后被评为“国家生态县”“中国特色竹乡”“全国食品工业强县”“省级园林县城”等，入选“国家重点生态功能区”、“国家生态保护与建设示范区”、全国“无废城市”试点县，荣获全国唯一“中国生态食品名城”称号。

闽江源头生态鸡，武夷山下圣农人。生态环境的禀赋催生出光泽生态食品城建设的绿色发展之路。始终坚持“绿水青山就是金山银山”理念，紧紧围绕建设“中国生态食品城”

战略目标，着力推进以圣农肉鸡为主，水饮品、中药饮片、鱼制品为辅的“1+3”食品产业发展，以绿色农产品为方向，立足生态资源优势，打造特色生态种养业。

问渠哪得清如许，为有源头活水来。围绕三溪六岸打造“五彩绿道、十里画廊”的闽江源头生态“水美城市”。首创建立“绿水维护补偿机制”，实现全流域水质24小时监测监控，该机制得到中央电视台、福建东南网和《闽北日报》的报道推广。“无废城市”创建突出农业农村县特色，提出“无废农村”与“无废农业”试点路径，重点从生活垃圾分类、工业、农业废弃物资源化利用等三方面开展“无废城市”创建。

乌君云海

圣农集团生态循环经济项目

福建省南平市松溪县

示范区

乡村风光

茶乡之晨

松溪地处武夷山脉东南麓，历史文化底蕴深厚，春秋时期，铸剑大师欧冶子在湛卢山铸就名扬天下的“湛卢宝剑”，位列中国古代五大名剑之首。松溪生态环境优良，森林覆盖率75.5%，素有“绿色金库”的美称，全域水质达标率100%，空气质量达国家Ⅱ级标准，优良天数比例达98%以上，优良的生态环境催生松溪走生态之路。

近年来，松溪弘扬欧冶子铸剑精神，贯彻习近平新时代中国特色社会主义思想，践行“绿水青山就是金山银山”理念，在“国家生态县”基础上，推进生态文明建设。筑牢生态安全屏障。探索开展“生态银行”，搭建资源变资产变资本的转化平台，完成国家储备林质量精准提升工程项目3.12万亩，占任务的352%。全县森林覆盖率75.5%，生态公益林面积25.84万亩，天然商品林面积8.26万亩。全面打好污染防治攻坚战，加强生态修复与国土空间管控，提高生态环境质量，优化空间布局，厚植绿色发展优势。构建生态产业体系。立足生态自然资源禀赋，构建“3+1”产业，打造生态品牌，增强甜美效益。“三品”认证种植面积20.57万亩，占全县农作物种植面积67.6%。获国家地理标志证明商标5个，松溪绿茶、红茶入选2019年中国品牌价值百强榜。建设美丽宜居家园。大力整治城乡环境，建设美丽乡村、水美县城，美化人居环境，打造“生态家园，甜美松溪”，实现人与自然和谐共生目标。

松溪渭田五福桥（宋建斌 摄）

招沙甲新村

福建省龙岩市上杭县

示范区

古田红色生态研学基地

梅花山国家级自然保护区

上杭位于福建省西南部，地处汀江中游，是客家文化的重要发源地之一。古田会议在这里召开，毛泽东同志三赴才溪写下名篇。上杭是旅游胜地。境内山城风光秀丽、山水风景宜人，荣获“中国优秀旅游县”等称号。上杭是生态福地。拥有国家级自然保护区、国家森林公园，森林覆盖率达77.5%，步云梅花山国家级自然保护区被誉为“北回归荒漠带上的绿色翡翠”“动植物资源基因库”“华南虎故乡”。

近年来，上杭县深入贯彻落实习近平生态文明思想，围绕“闽粤赣边文化旅游名城，海西金铜产业基地，江滨宜居城市”发展战略，把生态文明建设贯穿于经济社会发展各方面、全过程，生态文明创建工作取得明显成效。环境质量持续改善，建成8座水质自动监测站，成为福建省县（区、市）一级水质自动监测站建设最多的县。汀江流域上杭段国、省控断面水质Ⅲ类以上水质达标率100%。生态产业集聚发展，金铜产业、绿色建筑成为主导产业，经济高质量发展、环境高质量保护得到充分体现，紫金山金铜矿被评为首批国家矿山公园，蛟洋工业区被评为省级循环经济园区。农村人居环境优美，率先在全市实现农村集镇生活污水处理厂和垃圾中转站建设全覆盖，倾心打造美丽乡村116个，最美村落12个。生态环保机制更加健全，健全生态环保考核评价机制、“河长制”等创建机制，有效激发生态创建活力。

绿色矿山试点单位

全县地貌呈八山一水一分田结构

福建省宁德市寿宁县 示范区

凤阳富锌葡萄

寿宁地处闽浙两省交界，素有“两省门户、五界通衢”之称，是典型的“九山半水半分田”山区农业县，被列入“国家重点生态功能区”“国家重点水源涵养区”。

寿宁坚持把创建国家生态文明建设示范县作为贯彻落实习近平生态文明思想和党中央、国务院关于生态文明建设决策部署的重要举措，牢固树立“绿水青山就是金山银山”理念，

下党乡鸾峰桥

发扬“滴水穿石”“弱鸟先飞”精神，坚定不移走绿色生态发展之路，打造新材料产业集群，打造“中国硒锌绿谷”品牌等硒锌特色产业，打造下党乡红色旅游新地标等生态旅游产业，打造杨梅洲峡谷国家森林公园等一批森林资源保护基地，打造犀溪廊桥文旅小镇等 8 个美丽乡村景观带，打造塘洋、大韩、西浦等一批各具特色的生态宜居主题村落，城乡人居环境不断提升，生态文明建设水平得到全面提升，实现经济社会发展与生态文明建设协调共进，相得益彰。空气质量达标天数比例为 99.7%，排名全市第一，主要河流水质达标比例达 100%。

通过“平台 + 合作社 + 农户”模式，推动各类资源分工协作、双向互动，促进农业生产组织化、规模化、品牌化，系统地解决了小农户如何对接大市场问题，也为山区贫困县脱贫攻坚、乡村产业扶贫振兴提供了有益探索和实践，实现生态农业脱贫，走出一条具有闽东特色的乡村振兴之路。

杨梅洲峡谷国家森林公园

犀溪镇西浦村全景

江西省景德镇市

示范区

近年来，景德镇坚持以习近平新时代中国特色社会主义思想为指导，全面落实党中央、国务院及省委政府关于生态文明建设的决策部署，将“保护生态家园”纳入城市发展定位，以生态示范创建为抓手，全面加强生态环境保护。

景德镇市坚持把生态文明建设作为“一把手”工程，不断建立健全生态文明制度，着力推进环保突出问题整改，全面打好污染防治攻坚战，环境质量持续改善，各项指标名列全省前茅。2016—2018 年，全市空气质量优良天数比例分别为 90.2%、91.4%、96.4%，$PM_{2.5}$ 年均浓度分别为 42 微克 / 米^3、40 微克 / 米^3、31 微克 / 米^3； Ⅰ～Ⅲ 类水质断面优良率为 87.2%、91.7%、93.9%，饮用水水源地水质达标率保持 100%。已创成国家生态文明建设示范县 1 个，国家级生态乡镇 15 个，省级生态乡镇 20 个，国家级生态村 1 个，省级生态村 52 个。坚持淘汰落后产能，积极培育新动能，全力发展“3+1+X”（陶瓷、航空、汽车、旅游、新经济新业态）产业体系，良好的生态优势逐步转变为生态红利和发展活力，人民群众优美生态环境需要不断满足，公众对生态文明建设参与度达到 82.7%，满意度达 84.7%。

新时期，景德镇将深入贯彻落实习近平总书记视察江西时的重要讲话精神，始终坚持生态优先、绿色发展不动摇，持续推进国家生态文明建设示范市建设，让绿色成为新时代瓷都最鲜明的底色。

花园式工厂，旅游型企业

景德镇全景

江西省南昌市湾里区 示范区

狮子峰

东源村

湾里深入践行习近平生态文明思想，按照打造美丽中国“江西样板”标杆的目标要求，围绕“山城融合、旅游升级、绿色发展、实干兴区”发展方略，奋力创建国家生态文明建设示范区，努力实现“打造四个中心，建设大美湾里”的奋斗目标。

围绕“控”，建立健全生态综合治理体制、自然资源管理体制、考核监管追责体制，使生态体制的“四梁八柱”日臻完善。围绕“退、治、禁”，打好防污防治攻坚战、绿色梅岭保卫战、人居环境持久战、环保督察反馈问题歼灭战。通过“蓝天、清水、净土”三大战役，禁燃禁放、生猪退养、厕所革命、垃圾革命、护林工程、幸福家园六大行动，使生态保护“铜墙铁壁”日益坚实。围绕“转”，加快推进绿色产业崛起和循环经济发展，促进生态文化“多元协同”，使生态产业“金山银山”日趋壮大。

生态环境进一步优化，森林覆盖率达 73.94%，位居南昌市第一。2018 年，城区空气质量优良率达 92.5%，同比增长 5.6%。$PM_{2.5}$ 平均浓度为 35 微克 / 米 ^{3}，同比下降 23.9%，均稳居南昌市前列。生态资源进一步提质。连续 23 年无重大森林火灾，划定永久性基本农田 1 495 公顷，连续 2 年违法占用耕地比例为 0，完成生态保护红线划定，万元 GDP 能耗同比下降 3.2%。生态品牌进一步唱响，荣获全国森林旅游示范区、全省首批“绿水青山就是金山银山”实践创新基地、首批省级全域旅游示范区。

国家生态镇太平心街正门

翠岩寺

江西省宜春市奉新县

示范区

奉新作为江西省首批生态文明先行示范县和“生态+”试点县，勇立生态文明体制机制改革潮头，大力开展生态文明探索和创新。

出台《大力推进“生态+”行动的实施意见》，在生态+农业、工业、健康服务业以及文化产业

奉新秀美乡村

等七大领域进行有益探索。编著出版《生态+，加出一个新奉新》图书，开创了生态文明“加减乘除”（污染做“减法”、生态做“加法”、发展做“乘法”、节能做“除法”）新思维。坚持以“生态+”为引领，促进传统优势产业转型升级，培育发展新动能，打造了生态现代工业园区、万亩生态猕猴桃产业园、跃进湖生态文明综合示范区等一批生态经济样板，走出一条“经济生态化、生态经济化”特色道路。

奉新抓住创建国家生态文明建设示范县机遇，以承办省环委会第四次会议暨污染防治攻坚战现场推进会为契机，全县上下一条心、一张作战图、一把手挂帅，高位高效推动创建工作落细落实。通过提高准入门槛，变末端治理为源头控制，淘汰落后产能，调优资源配置，产业结构不断优化升级；加大环保基建投入，变粗放管理为精细处理，丰富技术手段，提升治理能力，污染防治体系进一步健全完善；创新“政府+园区+企业”环保提升联动机制，变单兵作战为联合作战，出台“以奖代补”“先建后补”政策促动政企共抓大环保、共建新奉新。

奉新农业——奉新大米，天工传承

江西省宜春市宜丰县 示范区

梯田风光

东方禅文化园

近年来，宜丰坚决贯彻习近平生态文明思想，以建设“大美生态、科技文明”新宜丰为发展目标，坚定走绿色发展之路，打造美丽中国“宜丰样板”。

坚持高位推进，压实生态文明建设责任，完善环境责任追究制度，健全生态制度体系；聚焦蓝天碧水净土，打好污染防治攻坚战，改善生态环境质量；主攻产业绿色转型升级，以绿色高效储能系统制造、绿色新型装饰材料、绿色食品饮料三大主导产业，推进现代农业示范园、富硒农业、昌铜高速生态经济带建设，形成水稻、蜂蜜、中药材、油茶和茶叶等绿色有机农业；挖掘绿色、红色、古色生态文化资源，形成“生态+大健康”产业引领现代服务业，围绕高质量发展，做强生态经济。

积极探索力争在生态文明建设上出经验、创特色。天然林管护新模式让护绿迈入新阶段，在全国率先“立规矩”保护天然阔叶林，在全省率先实施“三禁伐、两限伐”政策，建成全国首个“林区全覆盖监控天网”林区监控中心，探索天然林保护“绿色综合治理”，打造“补植复绿”宜丰“绿色综治”样板；首创生态警察中心，探索形成“1+13+N”生态管控模式，联动响应提升处置效能，构建常态化生态预警体系。

宜丰先后荣获“中国田园美邑”、首批“美丽中国深呼吸小城高质量发展试验区”、“全国森林康养基地试点建设县”、“江西省首批美丽宜居试点县”。

桥西水杉林

宋风刘家

江西省萍乡市莲花县 示范区

莲花人民历来崇文重教，“泸潇理学，碧云文章”是莲花的美誉。近年来，先后获得“国家主体功能区建设试点示范县”等120余项省级以上荣誉。

构建生态文明建设“大格局”。2018—2019年安排3.95亿元资金，重点用于示范性项目建设和市场化机制。全面推动“河长制”，县委书记、县级河长张运来同志于2019年9月获首届“江西省优秀河长”称号。

全力打好污染防治攻坚战。开展所有10蒸吨以下燃煤锅炉淘汰工作、266家餐饮油烟整治工作，2018年，$PM_{2.5}$平均浓度27微克/米^3，空气优良天数占比95%以上，森林覆盖率73.78%。龙山口国控断面达到并优于Ⅲ类水质，饮用水水源地水质达标率为100%。

全县所有危废企业通过省、市考核并获A级。关停整改畜禽养殖场170余家，打造300多个新农村建设示范村点。

推进生态经济高质量发展。打造“生态+”现代工业。重点发展空压机、电子信息等新兴环保产业集群。打造“生态+”现代农业。打造有机田园基地、优质水稻油菜示范园等现代农业示范园区，并被列为“全国绿色食品原料标准化生产基地县”等。打造“生态+”时尚旅游。积极发展全域旅游，城市绿道改造提升14.6km，打造荷花小镇、红色培训小镇等多个特色小镇和44个全国乡村旅游扶贫重点村。打造“生态+”招商引资。资源型产业转变为科技含量高的电子信息、空调机集群等新兴环保型产业。

六市乡海潭秀美乡村

六市乡锅底潭水库湿地保护区

高洲乡吉内得生态文明试点项目（油菜花图）

山东省威海市

示范区

威海公园

威海地处山东半岛最东端，三面环海，一面接陆，面积 5 799.8 平方千米，海岸线长达 978 千米，设有高新技术产业开发区、经济技术开发区、临港经济技术开发区三个国家级开发区和综合保税区、南海新区，常住人口 283 万。

党的十八大以来，威海深入贯彻落实习近平生态文明思想，自觉践行“绿水青山就是金山银山”理念，始终坚持生态立市、环境优先、绿色发展，把习近平总书记“威海要向精致城市方向发展”的指示作为总目标总方向总遵循，全力开创“精致城市·幸福威海”新局面，努力打造美丽中国、美丽山东“威海样板”。

全域整治生态环境，全速发展生态经济，全面培育生态文化，全力创新生态制度，先后荣获“全国文明城市”、“国家卫生城市”、第一个“国家环境保护模范城市群”、“国家森林城市”、第一批“国家海洋生态文明建设示范区”、全国第一批“无废城市”建设试点等荣誉称号。下辖文登区、荣成市、乳山市荣获“国家生态市”称号，是全省16地市中唯一县级市全部创建成功的地级市；荣成市成为“首批国家生态文明建设示范市”；2016年，以城镇环境类第一名的成绩，荣获了环保领域最高社会奖项——“中华环境奖”；2016—2018年连续3年空气质量达到国家Ⅱ级标准，受到省政府通报表彰；生态环境状况指数达到64.45，环境质量始终在全省保持领先。

天鹅湖

华夏城

山东省济南市商河县

示范区

商河县滨河公园

绿树碧水围绕的居民小区

商河把“生态立县”作为首位发展方针，立足树多、天蓝、地净、水清，盼环保、求生态、促发展，全力打造“温泉花都，生态商河”，全县生态文明建设质量显著提升，是济南市首个“国家级生态县”。

不断完善生态文明建设机制，率先在全市建立生态环境保护委员会并创造性地设立大气、水、土壤、噪声等11个专业委员会。发挥地热温泉资源优势，在全省率先开展冬季清洁取暖示范县创建，空气质量逐年改善；大力发展温泉花卉产业，是长江以北最大的温泉农产品生产地和最大的安祖花产地、全国最大的多肉植物生产基地。全面实施“河长制”“湖长制”，持续开展“清河行动”，加快县域13条水域河道整治修复，出境断面水质达标率均为100%，饮用水水源地水质达标率均为100%，水环境质量在2018年全市考核中位列第1名。积极构建循环高效的生态经济体系，创建国家火炬济南环保节能材料产业基地，培育发展绿色环保、循环节能的主导产业。着力发展生态循环农业体系，"三品一标"农产品达到269个。加大生态基础设施建设，县域水系长廊和城市污水、工业污水处理设施建成使用，农村卫生厕所普及率达到91.65%，全县规模养殖场（小区）畜禽粪污处理设施配建率达100%，畜禽粪污综合利用率达87.22%，全县林草覆盖率达到18.27%。全县农村基本实现等级道路"村村通"，村内道路"户户通"。

饮用水源地青源湖水库

大沙河省级湿地公园

格桑花主题公园

山东省潍坊市诸城市

示范区

山乡牧歌（郭秀伟 摄）

潍河（冯刚 摄）

诸城，因拥有世界规模最大的恐龙化石群被命名为“中国龙城”，又是“舜帝故里”，同时也是中共一大代表王尽美的故乡。2018年，习近平总书记在多个场合提出并肯定“诸城模式”。诸城以“融”的大智慧大胸怀，实施三产共融、三区共建、三城共创的“三三”战略，以生活社区为单元、生产园区为支撑、生态景区为底色，全面提升生产美、生活美、生态美“三生三美”水平，探索了一条经济与环境齐头并进、城市与农村融合发展、人文与自然和谐相处的新路径。

“三产共融”打造生态循环经济。传统产业升级与绿色产业培育并重，构建环保型产业体系；技术改造与节能减排并重，致力打造绿色工厂；农业提质增效与农业面源污染治理并重，补齐农村生态短板。

“三区共建”丰富生态时代内涵。以发展为要，推进产业集群和要素集约，建设特色生产园区；以宜居为本，加快美丽乡村建设，实施社区服务中心功能提升工程，建设生活社区；以生态为先，深化景村共建、全域生态化建设，开展“绿满龙城五大行动”，建设生态景区。

“三城共创”打造尽美龙城名片。融平台，搭建起高位推动、融合考核、智慧环保三大平台，打造共创共享新架构；融机制，突出示范化引领、项目化推动，探索全域共建新模式；融要素，强化宣传引导、市场调节和治理保障，激活多点发力新动能。

田野（王子鑫 摄）

马耳山（冯刚 摄）

河南省郑州市新密市

示范区

双洎河人工湿地

坡上青青草

近年来，新密围绕资源型城市转型升级，大力实施乡村振兴战略，推进绿色矿山综合整治、园林景观绿化提升等重点工程，走出了一条具有新密特色的生态文明建设路子。先后荣获“全国农村生活垃圾分类和资源化利用示范县（市）”、“全国改善农村人居环境工作先进县（市）”等称号。

构建绿色人居体系。积极推进高速合围、城乡一体的“八纵八横”全域交通路网，路网密度提高到每平方千米2.5千米；深入开展国土绿化提速行动，完成营造林2.65万亩，绿化生态廊道79条，森林覆盖率44%；加快建设70个公园游园和9个森林公园，城镇化率61.6%，城区绿化覆盖率36.53%。

构建绿色经济体系。大力推进“1+12”产业转型发展攻坚行动，建成1个省级产业集聚区、2个郑州市级专业园区、3个乡镇创业园以及若千村（社区）农民创业园。主打“生态牌”，大力发展全域旅游，伏羲山旅游度假区等创建升级，乡村旅游特色彰显。

构建绿色环境体系。以铁腕治污倒逼产业转型升级，成为郑州市境内第一个无燃煤和生物质锅炉县（市）。全面推行“河长制”，实施“1+5”城乡污水处理体系建设，投资 22 亿元建设污水处理厂、站、点 548 个，实现城乡污水处理全覆盖。投资 2.13 亿元建成餐厨废弃物、生活垃圾无害化综合处理和城市建筑垃圾消纳处置场所，生活垃圾无害化处理率达 90% 以上，干净整洁已成为新密一张名片。

天空之境

醉美山乡

河南省开封市兰考县

示范区

风力发电设施

凤鸣湖

点绿成金，发展绿色产业。45 万亩常年生植物，为兰考大地披上绿衣。“新三宝”及“5+1”畜牧产业体系为群众增收提供绿色金库。76 个亿元级企业正在绿色生产。3 家生态综合体正在迸发绿色效益，年均实现增收约 1.6 亿元。3 场国家级会议的召开为兰考增添绿色荣耀。

变“废”为宝，开发绿色能源。依托绿色循环企业，通过焚烧发电、生物制气等方式变废为宝，年均消纳各类垃圾 75 万吨。热电联产、太阳能、风能、地热能等多能互补的能源格局初步形成。被确定为国家资源循环利用基地和首个农村能源革命试点建设示范县。

以人为本，构筑绿色“人居”。建立农村垃圾四级分类模式，实现日产日清。推进“厕所革命”，卫生厕所普及率达 89.11%。逐步建设 180 个美丽乡村，开展 454 个村“清零”，创建 3 323 户美丽庭院。荣获“全国垃圾分类资源化利用示范县”“全国农村人居环境整治成效明显激励县”。

植绿引水，营造绿色生态。按照“一水、一网、双环、多心”的绿地系统规划，完成造林绿化 10 万亩。被评为“国家园林城市”“省级森林城市”。通过建设二坝寨引黄调蓄工程、开挖疏浚河道 144 条、建设控水闸门、液压拦水坝 10 座，构建“一源两带，十二湖十二脉”的生态水系框架。以“三铁”治“三散”，河南省“三散”治理现场会在兰考召开，并被评为“三散”治理工作先进县。

美丽乡村

格林美

河南省驻马店市泌阳县

夏南牛生态养殖场

泌阳县生态林果葡萄基地

泌阳依托丘陵农业县地理特色，充分发挥自然资源优势和生态环境优势，坚持生产、生活、生态“三生协调”绿色发展之路。

以示范创建推动全域生态建设，以良好生态为生产发展、生活富裕打好基础。空气、水环境质量优良率常年保持驻马店市第一，废弃矿山有效治理，森林泌阳建设成效显著，全县有林地面积超 160 万亩，森林覆盖率达 46.26%，绿水青山颜值不断提升。以生产发展作为保障良好生态和生活富裕的物质基础，形成了牧、林、菌、烟、油、菜、茶等七大特色产业，以及夏南牛、食用菌两大优势产业，先后打造出“泌阳花菇”“马谷田瓢梨”、“白云仙桃”“夏南牛”“金铜山烟叶”等一批特色农业品牌，林业年产值达到 13 亿元，夏南牛、食用菌两大产业年产值超过 150 亿

铜山湖水彬大道

元，被评为“中国夏南牛特色农产品优势区”“国家出口食用菌质量安全示范区”“全国有机食品示范县”“中国绿色食品（食用菌）产业基地”。以生态富裕目标作为检验良好生态和生产发展的最终标准，泌阳2018年退出贫困县序列，全县354个村建起了“一村一品”的特色产业，城乡基础设施不断完善，人民群众居住环境大幅改善，探索出了以实现“绿水青山转化为金山银山”为目标、以“厚植绿水青山、打造金山银山、共享美好生活”为特色的生产、生活、生态、“三生协调”发展的泌阳之路。

铜峰雄姿

湖北省十堰市 示范区

十堰是南水北调中线工程核心水源区和全国重要生态功能区，十堰最大的功能是生态功能，最大的价值是生态价值，最大的优势是生态优势、最大的责任是生态保护责任。

近年来，十堰始终坚持生态立市战略，大力推进生态文明建设，通过改革创新机制体制，建立环保工作保障体系；强化污染综合整治，促进环境质量持续改善；严格环境执法监管，推进突出环境问

题整改；践行“绿水青山就是金山银山”理念，推动经济结构转型升级；推进绿色系列创建，深入普及生态文明思想等一系列扎实有效的举措，强力推进生态文明建设示范市创建工作，实现了“生态文明理念深入人心，环境质量显著改善，生态创建成效显著，体制机制不断创新，环保能力持续增强，环保地位大幅提升”的奋斗目标，找到了生态和发展的最大公约数，走出了一条具有水源区特色的生态优先绿色发展之路。全市空气质量位列全省第三，生态省考核连续3年全省第一，全市8个县市区全部创成省级生态文明建设示范区，荣获第二批“绿水青山就是金山银山”实践创新基地。生态已成为十堰的基因，绿色已成为十堰的底色。十堰将以“一张蓝图绘到底”的定力，以“一任接着一任干”的毅力，以“永远在路上”的执着，向着更绿色、更健康的道路奋勇前进。

丹江口水库环库公路

农村环境综合整治

犟河

湖北省恩施土家族苗族自治州 示范区

恩施土家族苗族自治州，共和国最年轻的自治州，犹如一颗绿宝石，镶嵌在湖北省西南部。这里千里林海，绿水长流；这里生态优良，气候宜人；这里风景秀美，资源丰富。近70%的森林覆盖率让它享有“祖国三大后花园之一”“鄂西林海”“天然氧吧”“洗肺之地”等美誉。“世界唯一探明的独立硒矿床”和“全球最大的天然富硒生物圈”的称号，为它赢得“世界硒都”之殊荣。

以绿为底，蓝图描绘。恩施州依托生态优势，围绕“鄂西绿色发展示范区”目标定位，实施“生态立州、产业兴州、开放活州、依法治州、富民强州”战略，突出“绿色”主题，做足“特色”文章，推动“一谷两基地三示范区”创建，加速打造生态文化旅游、硒食品精深加工、生物医药、清洁能源四大特色产业集群，生态经济焕发新活力。以制度为引领，以规划作先锋，创生态建设路线图，开展山水保护立法示范，加强自然保护地建设与管理，建立自然保护地68个，国家生态保护红线面积占全州面积比例51.60%，为长江经济带生态安全作出了贡献。在2.4万平方千米面积上，醉墨淋漓，倾心勾勒，铺陈开一幅绿意盎意、生机勃发的生态恩施图。

守护碧水清漂忙（满益兴 摄）

借力山水，山水生金。400余万土苗儿女栖居于这片诗意沃土，守护生态，铿锵逐梦，走出了一条绿色繁荣、和谐共生的绿色高质量发展新路。

春天的曲线（肖华林 摄）

湖北省宜昌市五峰土家族自治县

示范区

五峰位于鄂西南边陲，属国家重点生态功能区，湖北省深度贫困县。如何破解发展与保护的矛盾？五峰的答案是坚持“生态立县”。

坚守生态底色护好“绿水青山”。始终坚守“绿水青山”生态初心，保持“共抓大保护、不搞大开发”战略定力，划定生态红线面积991平方千米，占县域面积41.8%；大力推进生态保护立法、产业转型升级，实现全县化工企业归零；2018全年优良天数占比达92.4%，连续3年生态环境质量持续向好。

立足生态优势探路“靠山吃山”。“封山不封路，吃山不砍树”，五峰“守”中求“变”，立足生态产业化、产业生态化，将绿色全覆盖与产业发展紧密结合，围绕一个“绿”字加快发展茶叶、五倍子、花卉苗木、中药材、高山无公害蔬菜、中华小蜜蜂等九大生态产业，用生态产业铸就脱贫致富绿色“饭碗”，全县特色产业基地达到 55 万亩，带动贫困户增收比例达到 95% 以上。

聚焦绿色崛起打造“金山银山”。从“绿水青山”到“金山银山”，五峰善“破”善“立”，跳出五峰办“飞地工业”，县内乘“交通突围”向绿色发力，积极推动茶、农、文、旅多元深度融合，先后入选“中国生态旅游大县”“中国百佳深呼吸小城”“全国全域旅游示范区”“全国森林康养基地建设试点县”，被命名为“世界茶旅之乡”“中国茶旅大会永久会址”。

渔洋河

柴埠溪国家森林公园

湖北省咸宁市赤壁市

示范区

陆水河入江口

党的十八大以来，赤壁坚持生态立市，有效打通了“绿水青山就是金山银山”转换通道。2017 年，绿色发展指标排名全省第 3 位。2018 年全省生态文明建设“以奖代补”资金竞争性分配考核跃居全省第 2 位。

推进传统产业结构调整。全面淘汰水泥、煤炭等落后产能，完成钢铁产业整体退出。建设循环产业园，实现煤渣再生资源回收、蒸汽余热利

用、城镇生活垃圾处理、污泥资源化利用等相关循环产业延伸。

谋划发展新兴绿色产业。打造赤壁长江经济带先行区，获批省级可持续发展实验区。打造中国绿色生态产业展览交易基地、华中地区休闲旅游度假基地等四大特色基地。打造“一带一路”国际茶产业发展论坛暨第五届中国茶业大会，实现赤壁本土文化与生态文化的完美交融。

统筹城乡环境基础建设。以“三禁三治”“三非三水”“三地两率”为重点，持续实施蓝天、碧水、净土工程，扎实推进长江大保护十大标志性战役，坚决打赢污染防治攻坚战。围绕“产业强、生态美”两条主线，以“三清三治”“六大专项行动”为突破口，实施乡村振兴战略，城乡环境面貌焕然一新。

新时期，赤壁将以习近平新时代中国特色社会主义思想为指导，全面实施“1356”高质量发展区域和产业布局，打造实力赤壁、创新赤壁、绿色赤壁、开放赤壁、幸福赤壁，夯力打响高质量发展新的“赤壁之战”。

湖北省恩施土家族苗族自治州恩施市

示范区

恩施位于鄂西南、武陵山区腹地，是恩施土家族苗族自治州州府所在地，面积3 972平方千米，总人口83万，享有“鄂西林海”“华中药库”“世界硒都”等美誉。恩施市现已成功创建成为“国家全域旅游示范区”“中国优秀旅游城市”“国家园林城市”“省级生态文明建设示范市”“省级环保模范城市”“省级森林城市”“省级文明城市”“省级卫生城市”，现有国家级生态乡镇1个、省级生态乡镇7个、省级生态村100个，在湖北省县域经济考核中始终位居生态功能类县市前列。

春满茶园（曾祥林 摄）

二官寨（陈年恕 摄）

历届恩施市委、市政府高度重视绿色发展，从实施“生态立市”战略到走“五位一体”绿色跨越发展道路，“绿色”和“生态”始终是恩施发展的主旋律。近年来，恩施市始终深入学习贯彻习近平新时代中国特色社会主义思想、习近平生态文明思想，始终秉持“绿水青山”与“金山银山”互融共赢的理念，坚定不移走生态优先、绿色崛起之路，把解决突出生态环境问题作为抓手，积极回应人民群众所想、所盼、所急。环境质量持续提升，2018 年环境空气质量优良天数达 334 天，优良率为 92%，优良天数连续 3 年保持上升。生态经济不断壮大，为人民群众提供的优质生态产品越来越丰富，人民群众的幸福感和获得感明显增强，“绿水青山”已成为恩施人民美好生活向往中的“金山银山”。

绿色州城（陈年恕 摄）

灵动青堡（李伦英 摄）

湖北省恩施土家族苗族自治州咸丰县

示范区

二仙岩湿地保护区

463省道尖山至大河边段土地垭转盘

近年来，咸丰认真贯彻落实习近平总书记视察湖北及关于深入推动长江经济带发展的重要讲话精神，深入践行“绿水青山就是金山银山”理念，大力实施“生态优先、绿色发展”战略，围绕一个“绿”字，写好四篇文章，走出了一条绿色崛起的高质量发展之路。

写好“坚守绿色底蕴”文章。高标准制定《咸丰县“十三五”环境保护规划》等规划，以规划一锤定音守底蕴，咸丰生态优势金不换，把绿色发展融入经济社会发展的全方位。

写好“保护绿色环境”文章。全地域实施绿色修复和监管，国土绿化率达83%，森林覆盖率达65.72%，全面落实“河长制”“山长制”，深化治水、治气、治土及村庄环境整治长效机制，公众对生态环境满意率达95%以上。

写好“发展绿色产业”文章。大力发展绿色旅游、绿色农业、绿色工业，建成5个国家级生态保护区、3个省级生态示范区和一批民宿休闲观光田园综合体，“世遗唐崖·森林咸丰”成为网络热词；全县茶、果、药材等绿色产业基地面积达到110万亩；硒食品精深加工、绿色建材、生物医药等新型工业快速发展。

写好“打造绿色家园”文章。把全县作为一个大公园、大景区来布局，建设城市公园点缀县城绿，率先启动建设“美丽乡村”打造全域绿，绘就出了唐崖河畔一幅“人在绿中、路在景中、居在美中”的山水画卷，生态红利福泽全域。

咸丰城区

美丽乡村

唐崖风景名胜区

湖南省长沙市望城区

示范区

望城是湖南省长沙市新城区。历届区委政府始终牢固树立“绿水青山就是金山银山”理念，把生态文明、美丽望城建设作为一项全局性、战略性大事来抓，全力争创国家生态文明建设示范区，争当洞庭湖生态环境治理排头兵，先后获评国家可持续发展实验区、首个国家级生态乡镇全覆盖的省级生态区、全国首批农村垃圾分类减量和资源化利用示范区、全国市县（乡镇）农村环保干部培训班指定教学点、全国休闲农业与乡村旅游示范县（区）。

积极探索实施主体功能区战略，出台了《关于加强自然生态保护的决定》，明确对自然生态进行全面系统保护。构建多元投入机制，近3年区财政预算节能环保专项支出年均增长40%以上。蓝天保卫战首战告捷，空气质量从2016年的71.5%、2017年提升到83.8%、2018年提升到88.8%；碧水攻坚战成效明显，境内河湖水质均达到Ⅲ类标准，湘江干流纵深 20 千米范围内无重金属污染企业，工业园区及城镇污水集中处理率均达 100%；农环整治突破战纵深推进，农村生活污水处理率平均值达 96.6% 以上，禽畜粪污综合利用率达 90%，垃圾无害化处理率达 100%，村庄环境综合整治率达 100%。

绿色发展潮已成为拉动望城经济社会发展的新引擎，区域综合竞争实力、投资潜力连续 7 年位居市辖区“全国百强”，真正让“绿水青山”变成了“金山银山”。

生态黑麋峰

斑马湖

湖南省永州市零陵区 示范区

何仙姑省级森林公园

潇湘二水相汇

零陵雅称“潇湘”，是国家历史文化名城、国家森林城市，省级重点生态功能区。境内水网密集，拥有大小河流 123 条，流域面积 1 470 平方千米；境内自然资源丰富，森林覆盖率达 55.94%。零陵始终坚持“生态优先”理念，深入贯彻落实“绿水青山就是金山银山”理念，把改善民生作为出发点和落脚点，着力打造生产生活生态、宜居宜业宜游的美丽零陵。

2016 年以来，零陵持续开展污染防治攻坚战，打好“去污成青”组合拳。采取强化源头治污和系统治理，坚持环保倒逼转型，抓减排工程，加大对重点行业整治力度等一系列措施，整治和淘汰落后产能企业 132 家，整治“散乱污”企业 230 家，将 2 320 个锰矿开采点整合为 35 个规模化开采工区，改造和取缔规模以下养殖企业 300 余家，改造、淘汰燃煤锅炉 55 台，断面水质与集中式饮用水水源地水质达标率 100%，城镇污水处理率 92.01%，黑臭水体消除比例逐年提高，秸秆综合利用率 90.94%，畜禽粪污综合利用率达 91.54%，农膜回收利用率达 80%，村镇饮用水卫生合格率 100%，城镇生活垃圾无害化处理率达 100%，城容、镇容、村貌显著变化，山水绿、人文明的景象逐步显现，生态环境质量明显提高。

生态文明乡村

生态文明建设功在当代，利在千秋。新时代，零陵将树牢习近平生态文明思想，推动形成人与自然和谐发展新格局。为保护生态环境，绘就“生态零陵”新蓝图作出不懈努力。

饮用水水源保护

湖南省常德市桃源县

示范区

桃源县饮用水水源地保护

桃源富硒茶叶产业

长期以来，桃源始终坚持“生态立县”战略，将生态创建融入经济社会发展各层面、各领域，较好实现了环境与经济协调发展、人与自然和谐共生。

固守绿色之韵。境内有乌云界国家级自然保护区、沅水国家级湿地公园等生态保护区，森林覆盖率达65.47%。近年来，坚守生态底线，守护绿色资源，大气、水、土污染有效防治，相继获评“国家级生态示范区”、湖南省第一批“省级生态县”“国家卫生县城”“全国绿化模范县”等称号，并被列入重点生态功能区财政转移支付县名单。

开创绿色之新。以习近平生态文明思想为指导，坚持政府主导、部门主推、乡镇主抓、村组主为、居民主创，联袂演绎了一场生态创建大戏，特别是通过“万人绿色出行”“保护同一片蓝天”等主题活动，“绿色办公”“无烟办公”等管理机制，“两清”“两减”“两治”“两创”等环保工程，营造浓厚的生态文明建设氛围。

沅水湿地公园，中华秋沙鸭

共铸绿色之魂。坚持绿色发展理念，利用绿色资源“好底子”，握住绿色产业“钱袋子”，打造绿色宜居“福窝子”，先后荣获“全省粮食生产标兵县”“湖南富硒产业推动乡村振兴示范县”。枫林花海成功创建国家4A级景区，夷望溪成功创建国家3A级景区，桃源红茶跻身“湖南十大名茶”，牛车河镇三红村、毛坪村入选第五批中国传统村落，宜居宜业的桃源更具绿色底蕴。

桃源县高新技术产业园

湖南省常德市石门县

示范区

石门处于武陵山脉东北端，素有“武陵门户”之称，是国家重点生态功能区。始终高举生态优先、绿色发展牌，扎实推进生态立县战略，在践行生态文明的大道上破解了一个个难题，突破制度建设瓶颈，发挥村民主体作用；突破生活污水治理瓶颈，因地制宜分散处理；突破垃圾无害化处理瓶颈，从消耗资源到资源化利用。

生态理念千古传承。古今石门人对于生态文明的认识和坚守惊人地一致。打开县志，康熙时期石

维新镇

门县令许湄勾勒出了“以嶂为城，以溪为池，百里封疆常对青山绿水；与父言慈，与子言孝，千村烟火时来白叟黄童”的生态文明景象。而今，石门人由衷感慨“洞庭波光，尽是壶瓶倒影；湖湘江河，皆得飞瀑留形。敞武陵垅铺黄花，临桃源柳染嫣红”。

山里人家（王生湘 摄）

生态建设基固果实。石门山翠淌金，绿色、有机农产品种植成为“新时尚”。获得“全国十大生态产茶县”“全国柑橘标准化示范区”和“国家级出口食品（农产品）质量安全管理示范区”等荣誉。建设壶瓶山国家级自然保护区、夹山国家森林公园、仙阳湖国家湿地公园等自然保护地。

南北镇

生态名片常亮常新。从禀赋到坚守，从资源到资本，石门“生态立县”的道路越走越宽。先后获得“全国文明县城”“国家级生态示范区”“全国绿化模范县”“全国林下经济示范基地县”“全域旅游创建示范县”“国家重点生态功能区”等称号。

橘富宅新——秀坪园艺场

广东省深圳市福田区

示范区

“湖山拥福，田地生辉”，福田坐落于深圳市中部，地处粤港澳大湾区黄金中轴核心、“一带一路”核心枢纽，是世界级湾区城市、世界级城市会客厅。

多年来，福田始终坚持以生态文明引领区域发展，坚持发展与保护并重，在成就全国“含金量”最高 CBD 的同时，生态文明建设硕果累累，成功获评全国中心城区第一个“国家生态区”、中心城区第一批生态文明建设试点地区、“国土资源节约利用模范区”、“全国水土保持监督管理能力建设示范区”、联

福田中心区璀璨夜景

合国“杰出绿色生态城区奖”等几大“国字”金招牌，福田成效得到全国认可。

2019 年，深圳河（福田段）水质达 37 年来最好水平，福田河成为全国首批十条登上治理黑臭水体光荣榜河流之一，建成区黑臭水体全面消除。空气优良率提升至 97.7%，$PM_{2.5}$ 降至 21.9 微克 / 米^3，连续 6 年优于国家Ⅱ级标准，连续 2 年达到欧盟标准，在国内同等规模城市中处于领先地位；万元 GDP 水耗 4.77 立方米 / 万元，仅为全国平均水平的 1/14，万元 GDP 能耗达到欧盟、美国等一流城市水平。辖区生态环境质量、绿色低碳发展、宜居宜业建设等始终走在全国前列，成为全国罕见的空气环境质量、高质量发展双双追赶世界一流水平的城市，探索出一条高度发达中心城市生态文明建设之路，为全国中心城市提供了可复制、可推广的生态文明经验借鉴。

中心区公园成片

碧水蓝天

主干道绿树成荫

广东省佛山市高明区

示范区

西江产业新城

佛山市高明区－国家二星级绿色建筑

筑牢珠三角西部生态屏障，坚定深耕厚植生态优势，高明以生态文明建设为主轴，以绿色发展为主旋律，全力打造“湾区西部综合交通枢纽、珠西先进制造新高地、岭南田园城市新样本”，在高水平生态环境保护中实现高质量发展。

准确定位“生态优先”的发展方向，全面构建生态文明建设长效机制，奋力打好污染防治攻坚战，全域推进“城市更新＋生态经济＋乡村振兴”战略，多维提升绿色城市品位和绿色乡村颜值。近年来，全区生态环境质量和城乡人居环境持续改善。重视把好制造业城市生态转型发展脉搏，始终坚守自然资源和生态环境底线，生态服务功能不断提升，生态文明管理体制改革持续深化，建立起区级统筹的最严招商引资联席审核制度，严格产业准入，十数年坚持实施新建项目入园管理常态化机制，实现经济发展质量和环境资源容量双达标；大胆实施“区域环评＋清单式管理”环评审批改革，为全市、全省实施区县一级区域环评改革靠前探路；构建起覆盖全辖区的生态环境监测预警网络，有效实现环境风险防控长效监管等。

高明实践是绿色发展的鲜活案例，是“绿水青山就是金山银山”理念的生动印证，更是习近平生态文明思想的又一实践硕果。可以说，高明探索走出了一条制造业城市生态文明创新之路。

鹭湖森林渡假区

佛山市高明区－生态优美的乡村景观（筑牢佛山西部生态屏障，高明区肩负生态担当）

广东省江门市新会区

示范区

银湖湾红树林与白鹭

圭峰山

新时代，新会以习近平生态文明思想为指导，从政绩观、制度建设、攻坚战和生态文化等方面，大力推进生态文明建设，不断改善生态环境质量，以绿色引领高质量发展。

"绿色"政绩观。积极探索、建立健全"绿色"考核评价体系，专门安排1 000万元资金设立生态环境保护"一岗双责"责任制考核奖励和追责问责。通过"奖惩并举"调动镇级领导干部开展环保工作的主动性和积极性。

"绿色"制度。出台《江门市潭江流域水质保护条例》，在潭江流域开展水源保障、生态保护以及污染源整治。全面实施河湖长制，构建以党政领导负责制为核心的"区、镇（街、区）、村（居）"三级河湖长组织体系，形成"党政齐抓、上下共管"和"横向到边、纵向到底"的治理格局。

新会小鸟天堂

“绿色”措施。铁腕推进污染防治攻坚战，深化蓝天保卫战、碧水保卫战和净土防御战。加强城镇污水处理厂建设与提标改造，提升城乡污染防治能力。新会区荣获 2018 年度江门市环境保护“一岗双责”责任制考核第一名。

“绿色”文化。明朝万历年间，天马村村民先后挖河、垒土墩、种榕树，最终形成了名闻天下的“雀墩”“小鸟天堂”。新时代，新会人弘扬传统文化，加强对“鸟”“榕”等生态资源保护，已将新会“小鸟天堂”建成国家级湿地公园，成为新会“人与自然和谐相处”的典型代表。

潭江流域

广西壮族自治区柳州市三江侗族自治县

示范区

三江侗族自治县位于广西柳州市北部，地处湘、黔、桂三省（区）交界处，境内生态环境宜人，森林覆盖率达78.87%，地表水环境质量保持国家Ⅱ类标准以上，空气环境质量保持国家Ⅰ级标准，负氧离子含量为Ⅱ级标准以上，空气优良天数达到315天，属于国家重点生态功能区，为桂北山地水源涵养和生物多样性保护重点区域。

布央生态农业产业

近年来，三江侗族自治县以习近平生态文明思想为指导，以“千年侗寨，生态三江”为目标，坚持生态立县，以“绿”治“侗”，举全县之力高位推进生态环境工作，促进生态建设常态化、规范化、持续化。坚持生态利县，以“绿”增“利”，谋全县之需高效贯彻“绿水青山就是金山银山”理念，全力打造以“两茶一木”、种稻养鱼为主导的特色生态农业产业，三江茶、三江茶油、高山稻鱼成为国家地理标

程阳永济桥

志保护产品；全面构筑集生态观光农业、餐饮娱乐、休闲度假为一体的多模式、多层次乡村生态旅游体系，成功打造国家4A景区布央仙人山景区，有力带动群众增收致富。坚持生态丽县，以“绿”添“美”，应全县之盼高质推进千年侗寨焕新颜，全力打好污染防治攻坚战，全力打造绿色宜居侗乡，城乡环境质量得到极大改善，荣获“美丽中国”十佳旅游县、“广西生态示范县”、“广西卫生城市”、“广西森林县城”等荣誉，三江日益成为宜居宜业宜游的美丽家园。

侗寨染金

三江口

广西壮族自治区贵港市桂平市

示范区

桂平位于广西东南部浔郁平原的菁华地带，曾获得“中国西部百强县”、广西首个县级“中国优秀旅游城市”、“全国粮食生产先进县”、“广西科学发展十佳县”、“广西特色旅游名县”等称号。市内有广西桂平国家地质公园，西山、太平天国金田起义地址景区等3个4A级景区，大藤峡、金田起义博物馆等8个3A级景区。西山以“林秀、石奇、泉甘、茶香”闻名于世，龙潭国家森林公园被誉为“动植物王国孑遗植物宝库”和“小西双版纳”。

近年来，桂平高度重视生态环境保护及生态文明建设，牢固树立和践行新发展理念，积极开展生态文明示范村、镇、县创建工作，全市187个

石龙镇高端火龙果基地

村获得生态村命名，14 个乡镇获得自治区级生态乡镇命名。以政府为主导，形成合力，以规划引导建设，通过厚植生态优势、发展绿色经济、强化生态环境保护和治理，加强生态环境监管，打好蓝天碧水净土保卫战，实现了城乡环境质量的持续改善。2019 年以来辖区内环境空气质量优良率为 98%，地表水国控石嘴断面水质达到Ⅱ类水质要求，空气和水环境质量排在广西县市的前列。生态农业主导农村发展，形成了“一镇一产业”的良好局面，逐渐从传统农业向高效的生态农业发展；生态工业发展壮大；生态旅游蓬勃发展。全市生态文明建设取得显著成效，生态文明和发展经济协调推进，2017 年全市经济总量位居广西各县市第一位。

白石山远眺

广西壮族自治区贺州市昭平县

示范区

桂江白鹭齐飞

昭平地处广西东部、桂江中游，面积3 273平方千米，总人口44.8万。“山青水秀生态美，镇古茶香人长寿”是昭平最大的生态优势。

近年来，昭平深入学习贯彻习近平生态文明思想，牢固树立“绿水青山就是金山银山”理念，坚持“生态立县”发展战略，实施环境质量提升、环保基础设施提升、“三个百亿元”生态产业、生态城镇建设“四大工程”，扎实推进国家生态文明建设示范县创建，成效显著。

昭平是广西林业大县，森林覆盖率87.48%；区内大气环境质量优良，被评为“中国百佳深呼吸小城”；七冲原始森林是华南生物总量最丰富的国家自然保护区，被誉为“都市绿肺”“天然氧吧”；百里桂江是下游梧州市的饮用水水源地，江河地表水水质优于上级要求，出境水质达到Ⅱ类标准，达标率100%，被列为广西桂江国家湿地公园建设试点，是广西首个中国龙舟公开赛举办地；黄姚古镇，是“中国历史文化名镇”“中国最具旅游价值古城镇”，被称为“人与自然完美结合的艺术殿堂”，入选“中国最美古镇”第一名。

黄姚千年古镇

昭平茶被誉为“中国大陆最早春茶”，全县有茶园22.6万亩，茶叶面积、产量均居广西首位，是全国五个“中国有机茶之乡”之一；是“中国长寿之乡”，全县有百岁以上老人77位，每10万人口中百岁老人的比例是联合国标准的两倍多，为贺州荣获“世界长寿市”荣誉起到了压舱石的作用。

南山茶海象棋山有机茶基地

南山茶海象棋山有机茶基地

重庆市北碚区 示范区

渝州之北，水石盟约，遂成“北碚”。北碚，山水之城，生态常翠，墨色常新；北碚，文化之城，千帆过尽，诗篇弥新。在这绵延755平方千米的土地上，山、水、林、泉、峡、寺浑然一体，山水相依入画，木石饱含光华，自然资源得天独厚，生态文化悠远深厚，被誉为“重庆后花园”，是重庆主城重要生态屏障。北碚历届区委、区政府始终坚持生态北碚发展理念，将守护绿色家园、传续生态文脉的“接力棒”代代相传。

近年来，已成功创建成为“国家环保模范城区”“国家级生态示范区”“国家卫生城区”“国家园林城区”“全国绿化模范城区”“全国优秀旅游城市”“全国森林城市标准化示范区”以及重庆市首个市级生态区和市级生态文明建设示范区，荣获中国人居环境范例奖，被联合国人居环境署授予迪拜国际人居环境良好范例奖。2016年，北碚区启动了国家生态文明建设示范区建设工作，通过实施7大类85项重点工程，生态文明制度体系更加完善，生态空间更加优化，生态产业高质量发展，生态环境质量明显改善。2018年，空气质量优良天数310天，同比增加27天，$PM_{2.5}$年均浓度比2015年下降30.2%；嘉陵江北碚段水质达到Ⅱ类，辖区重要次级河流水质稳定达标，城市黑臭水体全面消除。公众生态环境获得感、幸福感和安全感不断增强，北碚已然成为“嘉陵江畔的一颗明珠”。

胜天湖水库

北碚全景

重庆市渝北区

示范区

渝北区地处重庆北大门，面积1 452平方千米，是重庆首个人口过百万、城市建成区过百平方公里的“双百城区”，先后获得西部首个“全国环境保护模范城区”和西部首个“全国文明城区”、“中国优秀旅游城区”等30多项荣誉。

多年来，渝北始终坚持生态优先、绿色发展理念，一手抓生态文明建设，一手抓绿色产业发展，实现了生态改善与产业发展的良性互动，用实际行动诠释保护生态与高质量发展的互动双赢。

渝北在全市率先采用的“食藻虫引导水下生态修复”技术让城区湖水变得清澈见底；创新实施的“山长制”“河长制”让每一座山、每一条河都有了“主人”；生态修复让铜锣山的“伤疤”矿山变身绿水青山“网红景点”公园；引入德国先进技术治理挥发性有机物的长安渝北工厂污染物排放值持续降低；1 000 多家餐饮油烟的集中治理得到市民拍手叫好，空气质量优良天数连续多年保持在主城区前列；抓住获批国家首批临空经济示范区的重大机遇，大力发展新兴制造业，GDP 连续多年位列全市第一。

初心不改、铿锵迈步。当下，渝北正以习近平新时代中国特色社会主义思想为指导，紧扣习近平总书记对重庆提出的“两点”定位，“两地”“两高”目标，发挥“三个作用”和营造良好政治生态的重要指示要求，继续努力让渝北的绿水青山变成的“金山银山”。

木鱼石水库

水源地保护

四川省成都市金牛区

示范区

金牛作为西部地区首个创建国家生态文明建设示范区的省会城市中心城区，地处成都市上风上水的西北面，作为成都市面积最大、人口最多、生态本底最好、综合实力最强的中心城区，幅员面积108平方千米，人口153万人。辖区生态本底良好，有天回山和凤凰山“两山作屏”，府河、沙河等8条河流“八水润城”，环城生态区“三楔镶绿”。金牛拥有成都植物园、凤凰山公园等公园绿地129处，环城生态区面积达21.68平方公里。

2018年，金牛区$PM_{2.5}$和PM_{10}浓度降幅均排主城区第一，空气质量优良天数同比增加36天，增加天数排全市22个区（市）县第一，2019年主要空气指标名列全市前列，全区3个考核断面水质均达Ⅱ类，考核断面及饮用水水源地水质达标率均为100%，超额完成上级考核目标任务并在全市排名第一，是成都市主城区中自然和生态环境最好、水系最发达的城区。近年来，金牛区委、区政府高度重视生态文明建设，坚持以习近平生态文明思想为指导，扎实开展生态文明建设和生态环境保护工作，大力实施污染防治“三大战役”，加速开动“绿色引擎”，奋力建设美丽宜居公园城区，环境质量大幅改善，城市品质不断提升，人民群众的幸福感、获得感持续增强，逐步探索出一条以“绿”为先、点“绿”成金、保“绿”为要、增“绿”添美的生态惠民之路，对省会城市中心城区有典型的示范带动作用。

易园

成都露天音乐公园

四川省成都市大邑县

示范区

大邑隶属四川省成都市，位于成都平原西部，辖20个乡镇（街道），人口约51万，幅员面积1 284平方千米，拥有6个AAAA级景区。境内海拔落差近5 000米，生物多样性丰富，唐代诗人杜甫笔下的“窗含西岭千秋雪”描绘的正是大邑县境内的西岭雪山。

近年来，大邑县深入践行习近平生态文明思想，牢固树立“绿水青山就是金山银山”理念，全力打造“西岭雪山下的公园城市”，自2001年起连续19年抓好生态建设，县委政府一届接着一届推、一任接着一任干，久久为功，建成“国家级生态示范区”“国家生态县”，荣获“全国平原绿化先进县”称号。县域环境质量稳步改善，2018年，环境空气质量优良天数271天，优良率75.3%，空气质量列成都市第一。2017—2018年，环境空气优良天数比例分别提高17.75%、7.53%，出境断面水质稳定达到Ⅲ类水标准，地区生产总值增速分别达到8.4%、10.2%，生态建设与经济高质量发展相得益彰。境内20个乡镇全部建成国家生态乡镇和市级绿化之乡，覆盖率达100%，生态细胞建设成效喜人。通过实施全域增绿、重拳治水、科学治土等一系列工作措施，狠抓山、水、林、田、湖“五素”同构，大熊猫、川金丝猴、珙桐、水杉等野生动植物为代表的生物多样性得到有效维护，生态系统完整性得到有效加强。大邑初步探索出了一条“山区＋平原”地区的生态文明建设路径。

祥和新村

出江镇

大邑县城新貌

四川省绵阳市北川羌族自治县

示范区

北川位于四川盆地西北部，幅员面积3 083平方千米，辖10镇13乡，总人口24万，是大禹故里，全国唯一的羌族自治县，是革命老区、少数民族地区、边远山区、“5.12”汶川特大地震极重灾区，也是国家重点生态功能区，先后荣获“全国人居环境范例奖”“国家园林县城”等殊荣。近3年，全县空气质量优良天数平均达320天，县域内考核断面水质长期达到Ⅱ类标准。2019年全县全年空气质量优良天数比例达到96%以上。

药王谷景区

近年来，北川坚定以习近平生态文明思想为指导，立足灾后重建、家园恢复、发展振兴，深入践行“绿水青山就是金山银山”理念，定力“大美羌城、生态强县、小康北川”目标，坚持以生态恢复为先、以生态保护为重、以生态产业为本，建立“1+3”生态文明建设模式，即“生态 + 保护”“生态 + 产业”“生态 + 制度”。高站位谋划生态文明建设，高标准推进生态环境质量改善，高质量推动产业发展，坚决打赢污染防治攻坚战，筑牢长江上游生态屏障，唱响绿色发展主旋律，让习近平生态文明思想深入人心，让曾经满目疮痍的山河重披绿色新装，让生态绿色产业“钱”途无量，是地震极重灾区、少数民族地区幸福美丽新家园、生态文明建设的典范，走出一条生态振兴、产业兴旺、生活富裕的绿色发展之路，实现了北川绿、北川蓝、北川美、北川富。

四川省雅安市宝兴县

示范区

仙境般的农村生活环境

以生态旅游为主的硗碛藏乡新场镇

宝兴坚定践行习近平生态文明思想，紧紧抓住大熊猫国家公园体制试点契机，以创建国家生态文明建设示范县为目标，明确把“生态优先、绿色发展”作为发展主题，将生态环境作为六大提升工程之一，自觉担负起守护“熊猫家园”的宝兴责任，走出了一条生态文明建设带动经济社会高质量发展的特色之路。

全县森林覆盖率达71.24%，有蜂桶寨国家级自然保护区、夹金山国家森林公园。在宝兴发现并命名的动植物有394种，被誉为“世界濒危动植物的避难所”“世界动植物基因库”。全县野生大熊猫181只，全国排名第二。空气质量优良率常年保持在95%以上。在国家重点生态功能区县域生态环境质量监测评价与考核中，连续5年生态环境质量稳中向好，生态环境保护管理全国领先。依托生态优势提升打造了硗碛藏寨·神木垒、邓池沟等6个AAAA级景区，宝兴县被评为“中国最美生态旅游县”，蜂桶寨乡被授予四川省首批“熊猫生态小镇”称号。围绕“全域有机化”发展思路，建成食用菌、特色中药材、藤椒、牦牛、林（马）麝5个万亩（头）基地，成功创建“国家有机产品认证示范县”“省级农产品安全监管示范县”。坚持用好丰富的生态资源和长征文化红色资源，推动生态和文旅融合，组建夹金山干部学院。夹金山干部学院已发展成为立足雅安、面向全省、全国的党性教育基地和革命传统教育基地。

达瓦更扎

宝兴硗碛湖

贵州省贵阳市花溪区 示范区

宜居宜游的"生态之城"

花溪位于贵州省中部，因"繁花四季、溪水长流"而得名，素有"高原明珠"的美誉。自 2002 年确立"生态立区"战略以来，荣获"国家生态示范区""国家全域旅游示范区""全国绿色发展百强区"等称号。

这里生态环境优越，2018 年环境空气质量优良率 97.7%，集中式饮用水水源地水质达标率 100%，地表水达标率 100%，林草覆盖率 58.85%，建成区绿地率 50.88%，人均公共绿地面积 14.57 平方米，被称为"多彩贵州"品牌的形象窗口、"爽爽贵阳"的城市会客厅。这里旅游资源丰富，区内景区面积 222 平方千米，有 1 个 5A 级旅游景区（青岩古镇），2 个 4A 级旅游景区，4 个 3A 级景区，1 处国家城市湿地公园。这里文化底蕴深厚，《康熙字典》编纂人周渔璜、云贵第一位文状元赵以炯、民国艺术大家姚茫父以及辛亥革命先驱平刚等杰出人物均出于此地，聚集了包括贵州大学在内的 10 余所高等院校，拥有 1 个中国历史文化名镇、1 个中国历史文化名村、64 处文保单位，位居全市第一。这里经济发展迅速，2018 年，完成地区生产总值 640.45 亿元，同比增长 10.7%。长期以来，花溪区坚持规划先行、机制保障、铁腕治污、生态保护优先、产业结构优化，坚定“全域文化旅游创新区”定位和“一区四化”路径不动摇，大力发展生态经济，不断优化生态环境，全力打造全国“绿水青山就是金山银山”理念生动实践的花溪样板。

风光旖旎的“城市之肺”

农旅融合

贵州省遵义市正安县 示范区

田园风光（陈忠义 摄）

水车坝农旅示范园

正安是地处黔北边陲的一个国家级深度贫困县，在全面实践生态文明的征程中，立足自身良好的生态优势，把创建国家生态文明建设示范县作为推进产业转型升级、激活县域发展活力、提升群众幸福指数和助推脱贫攻坚的总抓手，采取“七式”（组织领导、规划引领、整合资源、合力推动、强化考核、舆论先导、示范带动）建设国家生态文明建设示范县，探索出了一条绿色发展、生态富民、科学跨越的山区发展新路。

生态环境管理制度得到有效落实，生态环境不断优化，森林覆盖率高达63.09%，县内水域水质达标率均达到100%，出境断面水质常年达到Ⅰ类；县城空气质量优良率稳定保持98%以上。加大城镇环境基础设施建设投入，先后投入近5亿元，建成22座污水处理厂、1座垃圾卫生填埋场和18座压缩式垃圾中转站，实现城镇生活污水和垃圾处理设施全覆盖。大力发展生态经济、培育生态产业，以生态工业、生态休闲旅游、原生态精品农业为龙头的生态经济得到了长足发展。生态环境保护意识深入人心，全县上下形成了关心、爱护、监督生态环境的浓厚氛围。先后荣获“贵州省生态县”“全国生态文明先进县”“中国绿色名县”“贵州省经济林建设示范县”“中国野木瓜之乡”“中国油桐之乡”“中国特色竹乡”“中国白茶之乡”“中国吉他之乡”等称号。

茶旅一体示范园 上坝茶场（程昌静 摄）

五汇水库全景

九道水国家森林公园

云南省昭通市盐津县

充满朝气的新农村

盐津庙坝万亩油菜花

盐津地处滇东北，辖6镇4乡94个村（社区）委员会2 623个村（居）民小组，总人口39.2万，总面积2 091平方千米，素有“乌蒙丝路传奇，东方峡谷田园”的美称。

盐津历届县委、县政府高度重视生态环境保护工作，始终把“绿水青山”作为推进县域经济永续发展的最大本钱，坚持“生态立县”战略，念好“防、治、拆、建、管、创”六字经。成立了以县委书记任组长的生态文明建设工作领导小组，统筹协调推进全县生态文明建设。

在创建过中，盐津县深入推进“森林盐津”建设，完成造林46.37万亩，治理石漠化土地85.43平方千米。加强生态环境保护，受保护面积占全县面积的18.99%。着力实施精品花卉苗木、有机果蔬、有机竹笋、有机乌鸡全产业链开发。已建成花卉苗木、果蔬、竹笋、茶叶、中药材、绿色油料基地101.02万亩；完成无公害农产品产地整体认证35.65万亩，12个农产品通过绿色食品认证、22个农产品通过有机食品认证。

盐津在脆弱的起点上起步，在隙缝中找到了生态修复、生态文明建设成功之路。林草覆盖率从低谷时的 22.9% 恢复到目前的 64.08%；2016 年被列为“国务院新增国家重点生态功能区县”；全县生态环境质量连续 5 年处于优良水平；2018 年公众对生态文明建设的满意率、公众对生态文明建设的参与度分别为 93.1%、93.2%。

中国桢楠之乡

水墨山川，如画盐津

三江明珠，古渡普洱

云南省大理白族自治州洱源县

示范区

醉美洱源

茈碧湖草海湿地

洱源位于云南省大理州北部，面积2 614平方千米，耕地面积26.71万亩，具有干湿季分明、光照充足、立体气候和区域性小气候明显等特点。县城驻茈碧湖镇，海拔2 060米，距省会昆明389千米，离州府下关69公里。下辖6镇3乡90个村（居）委会，总人口29.87万。为全国第二批生态文明建设试点县、全国首批生态保护与建设示范区、国家绿色能源示范县，是高原明珠“洱海”的源头。

全县有大小支流560条，径流总量4.39亿立方米，支流汇入弥苴河、永安江、罗时江后，呈“川”字型由北向南注入洱海，占洱海平均径流量的60%左右。为全面贯彻落实习近平总书记“一定要把洱海保护好”的重要指示精神，在省、州党委政府的坚强领导和上级生态环境部门的精心指导、大力支持下，洱源县牢固树立“洱源净、洱海清、大理兴”的理念，全力推进洱海保护治理“七大行动”，打响洱海保护治理与流域转型发展“八大攻坚战”。2018 年三条主要入湖河流按地表水均达到Ⅲ类水质标准。集中式饮用水水源地（茈碧湖水库）水质常年为湖库标准Ⅱ类以上。

洱源县通过构建生态文明“接力网”，织成生活污水“截治网”，筑牢生态屏障“安全网”，铸就生态家园“文明网”，培育生态产业“经济网”，走出了一条“生态优先、绿色发展”具有洱源特色的生态文明建设和绿色发展之路。

西湖湿地钳嘴鹳

生态家园 大美洱源

云南省红河哈尼族彝族自治州屏边苗族自治县

示范区

屏边大围山

屏边，“边疆屏障”之意，是我国西南地区重要的沿边生态屏障，位于云南省东南部，国土面积 1 844.23 平方千米，辖 4 镇 3 乡，总人口 16 万，以苗族为主的少数民族人口占人口的 68.1%，是全国五个、云南唯一的单列苗族自治县，也是第一批国家重点生态功能区县。县内生态环境优越，立体气候明显，具有“冬暖夏凉、四季如春”的气候特征，被誉为“中国最南端的春城”。

近年来，屏边坚持以习近平新时代中国特色社会主义思想为指导，认真学习贯彻习近平生态文明思想，确立以“生态立县、绿色产业富县、特色旅游活县”发展战略，坚定不移以“一个精品（民族

风情精品县城）、二个示范（生态文明建设示范、民族团结进步示范）、三个特色（高原特色现代农业、边疆特色工业、边地特色文化旅游融合发展）”为发展思路和目标，打造百万亩绿色产业基地，抓好生态环境保护，有序推进生态文明建设，探索出了一条具有边疆民族地区特色、产业强、山水美、环境好的绿色崛起之路。

至 2018 年年底，全县有林地面积 13.8 万公顷，占全县面积的 74.95%；森林面积 10.2 万公顷（其中天然林面积 4.3 万公顷，占 42.41%；人工林面积 5.9 万公顷，占 57.59%），森林覆盖率达 60.31%。林木绿化率达 68%，先后荣获“国家卫生县城”“中国美丽乡村示范县”“中国天然氧吧”“云南省生态文明县”“云南省森林县城”等荣誉称号。

西藏自治区昌都市

示范区

康巴花都

边坝三色湖

昌都市位于藏、川、滇、青四省（自治区）结合部，是康巴文化腹心区和茶马古道要地，也是中华水塔——西藏国家生态安全屏障的重要组成部分。得益于横断山脉三江流域的特殊地质、气候条件，这里生态环境良好，物种资源丰富，风光与人文并重，秀美于外，蓄涵以内，素有“藏东明珠”的美誉。

昌都市以“七城同创”为抓手，推动“山水林田湖草”生态系统治理，大力实施造林绿化、退耕还林、退牧还草、自然保护区建设等一系列生态保护与修复工程。全市森林面积382万公顷，占全自治区森林面积的22.67%。消除“无树村”368个、“无树户”36 122户。生物物种丰富度不断提高。保

护区内野生动植物种群恢复性增长，国家一级保护动物滇金丝猴种群数量由 300 多只上升到 800 多只，野生马鹿由 5 000 只增加到 8 000 只。坚定发展绿色经济，在有力守护和不断建设藏东生态安全屏障的基础上，不断壮大以高原特色农牧业为主的蓝天圣洁产业、自然风光与人文历史相结合的高原旅游业和珍稀林下资源采集经济。坚持“既要金山银山，更要绿水青山”，全市生态持续向好，产业结构正在转型，形成了“1+5”产业发展结构，全域旅游建设成效初显，群众吃上了生态饭。

现在，昌都生态产业不断壮大，经济高质量发展，生态环境持续良好，79 万各民族群众团结友爱，一颗以生态文明为内核的璀璨夺目的“藏东明珠”正在冉冉升起。

西藏自治区拉萨市当雄县

示范区

郭琼岗日雪山

阿热湿地

当雄，藏语意为“天选牧场”，位于藏北羌塘草原腹部，平均海拔4 300米，“藏地神山”念青唐古拉山脉横贯东西境，冰川雪水滋养着70万公顷的净土天然牧场，是青藏高原东南部最大的冰川区，孕育着丰富的珍稀天然饮用水水源。

当雄拥有“雪域圣湖”纳木措、姆蓝雪山、廓琼岗日冰川等旅游资源，被誉为“藏北明珠”。地处游牧文化和农耕文明的交汇地，塑造出丰盛而独特的文化遗产，成为世界各地游客心中“一生必去”的圣地。国家级非物质文化遗产“当吉仁”赛马节，是当地游牧文化的代表，可追溯至300年前固始汗时期。

习近平总书记要求西藏

"保护世界上最后一方净土"。这方净土，水、空气、土壤、还有人心，都保持着纯净的原生状态。净土健康、生态产业化和产业生态化，是当雄县贯彻习近平总书记重要论述的具体举措。

"极净当雄"是当雄的区域公共品牌，饱含着当雄各族人民对建设生态文明的坚定信念。"极"代表着"世界第三极，世间最后一片净土"，也是"特别干净"的意思；"净"代表以"净土、净水、净空、净心"为核心理念的净土健康产业和生态旅游产业，也是流淌在当雄牧民血液里的游牧文化的灵魂。因为"净心"才能物尽其用，不向大自然过多索取，表现了当雄促进自然资源可持续利用的产业发展模式。

陕西省宝鸡市陇县

示范区

陇县，史称陇州，是陕西省西大门，古丝绸之路西出长安第一雄关和商埠重镇，素有“秦都汉关，生态陇州”美誉。全县面积2 285平方千米，总人口27.3万。森林覆盖率60%，是陕西省五大林区县之一。境内水资源丰富，大小河流49条，是宝鸡市水源涵养地。“陇州林海”“内陆草原”“千水之源”三大品牌闻名省内外。

近年来，县委、县政府坚持生态立县战略，科学划定生态保护红线，全面实施农村人居环境整治，严格落实“河长制”“湖长制”，铁腕推进大气污染防治，空气质量逐年向好，位居全省前列。生态农业提质增效。贯彻“健康中国”理念，把做大做强健康产业作为发展的重中之重，调结构、塑品牌，全产业链打造百亿生态乳都，名优特色农产品“陇县五宝”享誉全国，蹚出了一条健康产业助力脱贫攻坚、促进乡村振兴的新路子。生态旅游加速崛起。陇县是旅游天堂，关山草原有“东方爱蒙塔尔、中国立体草原”美誉，道教圣地龙门洞被尊为“龙门祖庭”，陇州社火、陇州皮影独树一帜，有“民间艺术宝库”美誉。2018 年全县接待游客 950 万人次，综合收入 75 亿元，荣膺“全国生态旅游示范县”。生态工业提速发展。大力实施生态工业强县“14321”行动计划，积极培育清洁能源、绿色食品、新型建材 3 大产业集群。2018 年，全县规模以上工业增加值 42.6 亿元，同比增长 16.5%，被省政府命名为“新型工业强县”。

中蜂养殖

细鳞鲑国家级自然保护区

陕西省铜川市宜君县

示范区

梯田

稻田

宜君坚持“生态立县”战略，深入践行习近平生态文明思想，积极创建国家生态文明建设示范县，厚植“宜君绿”。统筹推进生态保护修复、造林绿化攻坚、森林质量提升、绿色产业富民“四大工程”，持续开展“绿盾行动”，严厉打击私挖滥垦，扎实落实河湖警长制，实施山水林田湖生态修复，治理水土流失50平方千米、造林绿化4万亩，林草覆盖率达60.81%，成为秦岭以北最大的一块绿洲，号称“陕西一叶肺”。精心呵护“宜君蓝”。聚焦“蓝天、碧水、净土、青山”四场保卫战，集中开展污染源达标等十个专项行动，加强农村面源污染治理，开展清洁家园、清洁田园、清洁水源活动，打好

"减煤、控车、抑尘、治源、增绿、禁燃"组合拳，环境空气质量持续居陕西关中地区首位。

深入实施生态立县、农业富民、工业富县、旅游兴县、项目强县"五大战略"，农业现代化、县域工业化、城乡一体化和全域景区化建设取得了明显成效。形成了塬区苹果、山区核桃、全县玉米为主的旱作特色农业板块，以方舟制药为代表的现代医药，以玉华酒业和棋智核桃乳为代表的特色饮品，以光伏、风电为代表的新型特色工业体系。全力打造生态品质优良、健康功能齐备的县域经济绿色转型发展先行区和幸福产业发展示范区，力争将宜君建设成为黄土高原沟壑区生态文明建设的排头兵。

花溪谷——花海

山城揽胜

陕西省延安市黄龙县

示范区

黄龙位于陕西省中北部、延安市东南缘，是国家重点生态功能区，陕西省五大林区之一。县内有国家级褐马鸡自然保护区、天然次生林省级自然保护区，森林覆盖率达 79.52%，是一片原生态、纯天然的净土，素有陕西的“一叶肺”和“天然氧吧”的美称。

黄龙牢固树立以绿兴“绿”发展理念，举生态旗，打绿色牌，走特色路，大力实施“生态立县、旅游带动、统筹城乡、全面小康”发展战略，以“绿色崛起·先锋行动”夯实党建引领绿色发展基础，实现了生态保护与经济开发并重、经济收益与生态效应双赢。将保护生态定为原则、化为共识、形成机制，持续加大生态投入，系统推进碧水、蓝天、青山、净土综合治理，实施“减煤、控车、抑尘、

碧水蓝天

治源、禁燃、增绿”6项工程，2018年全年空气优良天数比例达到84.9%。以国家园林城市、卫生县城等创建为载体，以“垃圾兑换银行”和景城一体、乡村振兴示范村建设为引领，城乡绿色生活环境、绿色生活方式得到大转变。依托生态资源，建立以生态旅游为支柱，以生态农业、生态工业为两翼的生态产业体系，原生态、纯天然的生态农业实现新突破，风电、光伏新能源产业蓬勃兴起，康体养生、科普研学、休闲体育等生态旅游品牌逐步形成，走出了一条以绿色生态引领经济高质量发展之路，真正实现了因生态而美、凭生态而立。

神道岭

花海慢城

远望林海

甘肃省张掖市

示范区

高台大湖湾

近年来，张掖以习近平新时代中国特色社会主义思想为指引，始终把习近平生态文明思想、习近平总书记视察甘肃重要讲话和指示精神作为重大政治任务，全面落实“绿水青山就是金山银山”和“生态优先、绿色发展”的理念，深刻汲取祁连山生态环境问题沉痛教训，坚决扛牢生态文明建设政

山丹马场

治责任，扎实开展祁连山生态环境问题的整改整治，一批山水林田湖草生态保护修复、“一园三带”造林绿化示范、祁连山国家公园体制试点等生态修复治理等项目落地实施，祁连山生态环境得到有效治理修复，黑河流域水生态环境全面改善，生态保护红线、环境质量底线、资源利用上线守得更紧更牢，全市生态环境质量持续改善，生态文明建设实现新突破，经济社会高质量发展迈上新台阶。

全市环境空气优良天数比例逐年增加，空气质量连续 3 年排名全省前列，达到国家Ⅱ类环境空气质量标准。地表水环境质量水质类别均为Ⅱ类，城市集中式饮用水水源地水质达标率 100%，水质持续保持良好。获得“全国生态文明示范工程试点市”“国家主体功能区建设试点示范市”“水生态文明建设试点市”“全国绿化模范城市”“国家园林城市”等称号。在全省生态文明建设年度评价中，张掖绿色发展指数、生态保护指数和公共满意程度均位居第三。

青海省海南藏族自治州贵德县

示范区

丹山映涟女娲胡

天下黄河贵德清

贵德坚持以习近平新时代中国特色社会主义思想为指导，深入贯彻落实习近平生态文明思想，通过分解落实生态文明建设目标任务，形成生态文明建设政绩考核制度，形成“党委领导、政府负责、人大政协监督、乡镇部门协作、全县人民参与”的工作推进机制；全力打造实施生态农牧业、生态工业、生态保护、生态城市等四大生态工程，整治关停高能耗、重污染企业，扶持引进文化旅游、民族工艺、农畜产品加工等彰显名族特色的生态工业企业；坚守生态保护红线，加快国土绿化、城镇绿化，巩固完善各项制度政策，坚持实施各类生态项目，加大生态文明建设投资，全力实施节能减排、城乡环境整治、污染源监管治理、国土提速增绿等行动。

通过历届县委政府和全县各族人民坚持不懈的努力，贵德在加强生态建设、强化资源保护、改善生态环境、推进污染减排、发展循环经济、推动污染治理等方面取得了显著成效，走出了一条经济建设与环境保护共赢的发展之路。

贵德全域环境空气质量优良率达 92.7%，流域水环境质量全优，无污染地块和受污染耕地，林草覆盖率达 81.2%，生态环境状况指数达 55.81。守住青山绿水，是贵德人民践行“绿水青山就是金山银山”的最好见证，也是贵德努力描绘绿水青山画卷的最好证明。

贵德国家地质公园

壹方圆小镇

新疆维吾尔自治区伊犁哈萨克自治州巩留县

示范区

塔里木的早晨（谭明志 摄）

莫乎尔（郭雷 摄）

巩留是生态的宝地、资源的福地。位于巩留县境内的库尔德宁景区，是国内最大的原始云杉林，野生动物种类丰富，是欧亚大陆腹地野生生物物种“天然基因库”，有 1 000 多种高等植物，146 种陆栖脊物和 196 种昆虫，其中国家重点保护动物达 30 多种。巩留县地表水年径流量 93.56 亿立方米，占全疆水量的 1/6，水质常年保持在地表Ⅱ类水以上等级，森林覆盖率 19.6%，林草覆盖率 80.54%。这里除了有世界自然遗产地、西天山国家级自然保护区外，还有世界罕见、中国独有的野生核桃林。丰富而极具特色的自然生态资源和人文资源交相辉映，优势共存，使巩留成为极具魅力的旅游胜地。

党的十八大以来，巩留积极践行“绿水青山就是金山银山”理念，先后荣获“国家园林县城”“四好农村路全国示范县”“自治区绿化先进单位”“自治区级生态县”等荣誉称号。2019 年 7 月，巩留被中国气象学会评定为“中国天然氧吧”。

优质的自然生态和底蕴厚重的历史文化是巩留县最大的优势和最宝贵的资源，巩留县委政府坚持“创新、协调、绿色、开放、共享”五大发展理念，围绕塞外江南、诗画伊犁，以城带乡，以乡促城，城乡一体，努力打造人与自然和谐发展新格局。

库尔德宁大草原

库尔德宁云山云海

新疆维吾尔自治区阿勒泰地区布尔津县

布尔津县南侧额尔齐斯河鸟瞰图

近年来，布尔津始终坚持以习近平新时代中国特色社会主义思想和党的十九大精神为引领，深入学习贯彻习近平总书记系列重要讲话精神，始终谨记“绿水青山就是金山银山，冰天雪地也是金山银山”，加快转变发展方式，着力改善生态环境，生态文明建设取得一定成效。

坚持生态文明规划统领全局，落实推进生态文明制度，制定并实施《布尔

布尔津县东桥额河附近鸟瞰图

津县国家生态文明建设示范县规划》。不断完善长效机制，严格按照“生态立县”总体要求，把生态建设和保护成效纳入干部考核评价体系之中。坚持生态文明理念深入人心，持续加强宣传引导和教育。加快淘汰落后产能，突出抓好燃煤锅炉治理淘汰，清洁能源供暖成效显著。开辟农业现代化发展新途径。生态林业建设发展迅速，全面进行封山育林、植树造林。着力打造生态工程，全力构建生态家园。按照自治区“旅游兴疆”战略和旅游高质量发展目标，着力打造生态旅游，大力发展生态文化旅游产业。全县生态环境质量明显提高。

布尔津全貌

俄罗斯风情步行街

2018 年全县空气环境质量优良率 100%，集中式饮用水水源地水质优良比例 100%，河流出县境断面优于Ⅱ类水质，建成区生活污水集中处理率 100%，城镇生活垃圾无害化处理率 99%，危险废物利用处置率 100%，农村无害化卫生厕所普及率 91%，规模化畜禽养殖场粪便综合利用率 100%，秸秆综合利用率 94.34%，农膜回收利用率 81.57%。

第四批

国家生态文明建设示范区

北京市门头沟区

示范区

门头沟是首都最重要的生态屏障和水源涵养地之一，素有“三山两寺一河”之称，形成了独具特色的生态山水文化、红色历史文化、民间习俗文化、古道古村文化、宗教寺庙文化和京西煤业文化“六大文化”，曾为北京的发展贡献了“一盆火”“一腔血”“一桶金”“一片绿”的“四个一”。

门头沟全面践行习近平生态文明思想，以“建设生态文明建设的首都样板”为目标，以“红色门头沟”党建为引领，不断夯实生态文明建设责任和完善制度体系。以“守好绿水青山”为使命，全力筑牢首都西部生态屏障，彻底终结千年采煤史。通过强力控霾、治水、净土等措施全力打赢污染防治攻坚战。率先开展农村生活垃圾分类，推进“厕所革命”，完善污水收集处理设施建设，成为北京唯一受到国务院办公厅通报表彰的农村人居环境整治激励县。

妙峰山

全力打造“绿水青山门头沟”城市品牌，以科创智能、医药健康和文旅体验“三大产业”为支撑，精心培育绿色发展新动能。把“精品民宿”作为守护生态山水、建设美丽乡村的重要路径，设立乡村振兴绿色产业发展专项基金，创新出台“民宿政策服务包”，推出全市唯一地区性精品民宿品牌“门头沟小院”、全市首个区域性绿色产品品牌“灵山绿产”，助力农民生态致富。

江河水村

天津市蓟州区

示范区

蓟州位于天津最北部，地处京、津、唐、承四市腹地，生态环境质量优良，在 2018 年全国 818 个参与国家重点生态功能区县域生态环境质量监测与评价的县域中综合评价分值最高，成为唯一“明显变好”的生态功能区。2019 年，蓟州先后通过全国水生态文明建设试点城市验收和第三批“绿水青山就是金山银山”实践创新基地命名。

近年来，蓟州立足京津冀生态涵养发展区功能定位，主动融入京津冀一体化，强化顶层设计和统筹协调，牢固树立绿色发展理念，把生态文明建设放在更加突出位置，加速绿色崛起。

不断深化生态文明体制改革，统筹推进全区生态文明建设工作，推进生态环境保护重要目标和重大措施落实。探索建立跨区域生态文明建设新机制，创新区域联动机制，创新跨区域制度建设，打造京东“小京津冀”协同发展模式。不断深化生态文化体系建设，生态文化与旅游业不断融合，康养文化、乡愁文化等建设不断深入，山水和谐的水文化和“绿水青山就是金山银山”文化初步建立。

不断强化污染防治攻坚战调度，确保打赢污染防治攻坚战。2019 年，空气质量综合指数和达标天数比例均排名天津第一，全区水环境质量综合排名天津第一。以“良好生态环境是最普惠的民生福祉”为指引，扎实推进社会建设，“户分类、村收集、镇转运、区处理”的城乡生活垃圾收运处理成为全国样板。

黄崖关长城

河北省唐山市迁西县

示范区

洒河桥镇

迁西地处河北省唐山市北部，森林覆盖率达 63.2%，蓝绿空间占比达 90%，是河北省重点生态功能区。

迁西深入贯彻习近平生态文明思想，按照“生态立县、绿色崛起”的发展思路，深入推进矿山修复工程、河道治理工程、城市造绿、山体植绿工程，做足山水文章，打造绿色迁西，花乡果巷田园综合体成为全国十家、全省唯一的国家级试点项目。致力社会治理，打造活力迁西，着眼治理体系和治理能力现代化，在全国首创综合指挥智慧平台，实现县、乡、村三级立体智能化管理，为新时代山区社会治理现代化，贡献“迁西方案”，创造“迁西模式”。净化空气质量，打造美丽迁西，持续开展节能减排深度治理，强力组织实施农村“双代一清”空气净化工程，实现人居环境和空气质量“双提升”。坚持绿色产业化、产业绿色化，全面提升县域经济实力和发展质量，打造实力迁西，2019 年荣获“全国森林旅游示范县”“全国首批生态旅游胜地”“最美中国旅游县”等荣誉称号；迁西板栗品牌价值达 24.09 亿元，荣登 2019 中国果品区域公用品牌价值榜板栗行业首位。深入开展生态文明志愿服务活动，弘扬生态文明，打造魅力迁西。

迁西依托“山水”优势，走出了一条“经济健康发展、社会稳定和谐、生态优美宜居”的生态文明建设之路。

大黑汀水库

山西省临汾市蒲县

示范区

蒲县地处吕梁山南端西麓，黄土高原山区，是黄河一级支流昕水河的发源地，是黄土高原丘陵沟壑水土保持生态功能区，国家主体功能区划定为“限制开发的重点生态功能区”。蒲县历届县委、县政府坚持以习近平生态文明思想为指引，克难攻坚，补短提质，生态文明建设取得显著成绩。

2016 年以来，县委确定了“四六三”总体工作思路，明确把“生态提升”作为全县“六大攻坚”的重要内容，探索形成了全县上下合力抓生态环保的机制和氛围。2019 年空气质量优良天数 308 天，昕水河出境断面稳定达到地表水Ⅲ类标准，实现空气质量综合指数和地表水环境指标“三连降”，昕水

五鹿山

河人工湿地净水模式荣登央视《新闻联播》。

持续加大林业投入，先后实施“三北”防护林、天然林保护、退耕还林后续产业、通道绿化、县城增绿工程，全县林木覆盖率和森林覆盖率分别达到 59.01% 和 40.18%。积极调整林业结构，大力发展经济林，打造“蒲县构树”品牌，目前已基本建成全国最大的构树种植示范基地、构树饲料加工基地、构树产业扶贫示范基地。2020 年，蒲县立足做特做优，试点打造种养一体、有机循环“6 个生态方”，示范建设“5 个特色农业园”，建成“3 个有机旱作封闭示范片”，启动打造 3 个乡镇连翘产业，进一步提升农业环保效益。

县城全貌

内蒙古自治区兴安盟

示范区

兴安盟地处大兴安岭向松嫩平原过渡带，境内阿尔山松涛桦浪万顷，扎赉特旗神山巍峨，突泉大地人工林海雄浑壮阔，科右中旗五角枫情秀色倩美，乌兰浩特、科右前旗城中万亩草原绿意盎然。近年来，盟委、行署把生态作为立盟之本、发展之基，相继提出了“三地联动五城同创”“五区”建设的奋斗目标，生态文明建设硕果累累。

树牢绿色理念，保持战略定力。不断探索生态优先绿色发展为导向的高质量发展路径，并体现到所有区域、所有产业、所有行业发展之中，一旦经济建设和生态环境保护出现矛盾，首先把生态环境保护挺在前头。

加强保护建设，厚植绿色优势。积极推进“三线一单”成果应用，严格执行环境影响评价制度，全面实施山水林田湖草生态保护和修复工程。党的十九大以来，兴安盟累计营造林 137 万亩，退牧还草 50 万亩，水保治理 155 万亩，山体绿化覆盖率达到 85% 以上，全盟重点城区绿化率达到 42%。

强化问题整治，补齐短板弱项。抓住制约生态环境质量改善的突出问题，加大整治力度，偿还历史欠账、补齐治理短板。扎实推进中央环保督察问题整改，把问题整改作为提升生态环境治理水平的重要契机。着力构建生态文明建设长效机制，落实河湖长制，率先探索实施草长制、林长制改革并取得积极进展，生态环境损害责任追究、损害赔偿制度改革扎实推进。

不冻河

内蒙古自治区
呼和浩特市新城区

示范区

新城地处大青山南麓、内蒙古自治区首府呼和浩特北部。近年来，新城深入贯彻落实习近平生态文明思想，立足生态立区、绿色兴区和富民强区发展战略，按照“群众因生态而富、区域因生态而强、乡镇因生态而美”的工作思路，探索走出了一条“城区靓、环境优、人文美、百姓富”的绿色发展之路。

雅马图森林公园

围绕生态绿化、重点项目建设和环境治理，深入实施大青山前坡生态保护综合治理工程，加快推进“揽山入城”战略，哈拉沁生态公园、沙坑公园、雅玛图森林公园、敕勒川草原、乌兰不浪新村、水磨新村等一批兼具生态修复和景观游览功能的重大生态项目陆续建成。强化“土地卫片”执法，大青山前坡环境脏乱差、植被破坏严重等状况得到彻底改善。划定生态保护红线，首府水源地保护切实加强，首府北部生态功能区基本建成。

持续扩大大青山腹地碳汇造林面积，全区森林覆盖率由 37.7% 提高到 44% 以上。中心城区绿地率达到 36.5%，人均公共绿地面积达 16 平方米，绿色已成为生态新城的“最美底色”。

从自然保护区到城乡接合部再到城市中心，新城开展了无死角、无遗漏的大气污染治理管控，保持严厉打击环境违法行为高压态势，形成自觉守法新常态。坚持城乡统筹、产城融合，城乡基础设施建设统筹推进，美丽宜居生态生活体系逐渐形成。

敕勒川草原

内蒙古自治区鄂尔多斯市鄂托克前旗

示范区

鄂托克前旗位于鄂尔多斯市西南部，地处毛乌素沙漠腹地，内蒙古、陕西、宁夏三省区交界处。

鄂托克前旗积极探索以生态优先、绿色发展为导向的高质量发展新路子，执行最严格的生态、草原保护与建设制度，开展生态系统重大修复工程，实施京津风沙源治理、天然林资源保护、退牧还草、“三北”防护林、退耕还林等重点生态工程，创新实施湿地保护与修复工程和退化防护林改造工程，全面推行林地、草原资源数字化管理，加大“三化”草原封育治理力度，建立了独具特色的草原生态屏障。

按照科学规划、完善配套、产城互动、协调发展的原则，构建和优化旗域“一主一副，两星多点”的城乡生态空间结构，延伸生态经济效应。结合产业优势和发展现状，重点发展农牧产品加工型、交通型、旅游服务型、综合型四种模式经济。

启动实施农村牧区人居环境整治三年行动，建成市级示范嘎查村 2 个、自治区级示范嘎查村 1 个。有效落实“河长制”“林长制”，环境治理跳出了“污染—治理—再污染—再治理”的怪圈。大力发展全域生态旅游，构建“突出一个极核、打造一条廊道、建设三条环线，联动四大片区、带动乡村发展，落实主客共享、实现全域发展”的动态发展格局。

城川镇大沟湾水库

吉林省白山市

示范区

白山位于吉林省东南部，地处长白山脉腹地，境内生态环境良好，自然资源丰富，绿色产业发达，山水景观、冰雪资源举世闻名，不仅是我国东北地区重点经济区，更是世界公认的“立体资源宝库”。

松岭小村

白山市委、市政府始终坚持“生态立市”的发展战略，长远布局、绿色发展，至2019年，生态文明建设工作已硕果累累。

生态环境方面，白山2019年生态环境质量高居全省第一，森林覆盖率高达84.1%，居全国地级市之首，其下辖县域被授予了“全国百佳深呼吸小城”“中国最美小城”等众多荣誉。

绿色产业方面，依托资源本底，实现产业转型升级，全市矿产新材料、矿泉水、医药健康、旅游和现代服务业等“新五样”新兴产业增加值占GDP比重达到62.1%，打造形成了“中国硅藻土之都”白山市、“中国人参之乡”抚松县、“中国西洋参之乡”靖宇县、“中国红景天之乡”临江市、“亚洲硅藻土之都”、“中国镁谷”、“国家级新材料基地”、“矿泉名城”和“世界人参之都”等一系列国内外知名品牌，“12° 粉雪”“22℃夏天”“北纬42° 特产”等生态品牌享誉全国。

白山始终以绿色发展为引领，以生态文明建设为工作主轴，坚持发展与保护并重，在东北边疆地区走出了一条特色生态文明建设之路，形成了生态文明建设的“白山模式”。

吉林省长白山保护开发区池北区

示范区

池北位于长白山国家级自然保护区北端，坐拥两个自然保护区，森林环绕，生态优势和资源优势得天独厚，禀赋优越。

近年来，池北秉持习近平总书记“绿水青山就是金山银山”“冰天雪地也是金山银山”的理念，以

知音湖

“生态优先”的体制机制贯穿生态文明建设的全过程，实现“让森林走进城市，让绿脉连接发展，让人类融入自然”生态城市的建设目标，先后获得“国家人居环境范例奖”和“中欧绿色和智慧城市技术创新奖”。

坚持“三化”路线，打赢“五场生态战役”，积极创建“生产空间集约高效、生活空间宜居适度、生态空间山清水秀”的国家生态文明建设示范区。积极丰富池北“十城联创”内容，以“池北模式”打造长白山“生态”“文化”两张名片，全力创建森林城、园林城、生态城、环保城、卫生城、慢城、智慧城、文化城、全域旅游示范区。

如今，池北的“阳光”“空气”“森林”成为长白山的“新三宝”，美人松林边和二道白河两岸已成为长白山居民和中华秋沙鸭、梅花鹿等动植物生态共享、和谐共处的“水清、河清、天蓝、地绿、宜居”的具有东北地域特征和文化特色的生态文明建设示范区、东北亚首屈一指的休闲度假旅游集散地和目的地。

美人松湖

黑龙江省大兴安岭地区漠河市

示范区

漠河是我国最北的县级市，享有“神州北极”之美誉，森林覆盖率 97.15%。漠河市委、市政府高度重视生态文明建设，统筹推进“五位一体”总体布局，以建设“宜居宜业宜游美丽漠河”为目标，强化顶层设计，突出地域特色，强力推进创建工作。

高山雾松

五花山

全面实施“蓝天”“碧水”“净土”“美丽乡村”“环监执法”“原生态”六大保卫战，吹响维护“生态安全”的“集结号”，实现了“天蓝、水清、山绿、地净、人爽”的奋斗目标。

大力发展生态经济，努力构建独具特色的旅游产业，形成了“中国最北、神奇天象、龙江之源、圣诞世界、美丽石林”五大核心竞争力，旅游经济已成为最具活力的经济增长点。“北极滑子菇、黑木耳”荣获第十六届中国林产品交易会金奖，越桔纳入国家食品名录。引进了“农夫山泉”等著名企业，含“锂”天然矿泉水在网络平台畅销，“小米有品丨北极泉”联名矿泉水隆重上市。中俄能源战略工程——石油运输管道工程竣工投产，实现对外贸易额 41.52 亿元。

积极打造生态宜居家园，倡导和培育绿色生活方式。老百姓过去“盼温饱”，现在“盼环保”，过去“求生存”，现在“求生态”，全景展现了市民生态文明行动风貌。绿色宜居的生态环境引领生态文化产业蓬勃发展，杜鹃花节、北极光节、极昼马拉松赛、石林国际摄影大赛等重要活动成为漠河生态文明建设的最好注脚。

黑龙江省农垦建三江管理局

示范区

建三江管理局位于我国北部边陲的三江平原腹地，辖内土地集中连片，三江环绕，七河贯通，地势平坦，土质肥沃，资源丰富，富有发展现代化企业特别是绿色产业的独特优越条件。

建三江管理局按照国家“五位一体”总体布局要求，结合当地大农业为主要产业的客观实际，紧盯生态文明建设布局和国家粮食安全战略，全面统筹推进生态文明建设工作。从现代化大农业入手，

稻田大天鹅

逐步建立和完善生态农业良性产业循环链；从生态宜居入手，加快城镇建设步伐，治理生活环境污染；从强化生态环境执法入手，解决工业污染和民生环保问题，全面淘汰落后产能；从生态文化建设入手，解决干部队伍中普遍存在的重经济、轻环保的短视行为，通过开展宣传培训等，提高全民对生态文明建设的认识，树立持续长远的生态文明理念。

通过实践探索，生态文明发展总体模式基本形成，生态环境状况指数明显提升，空气质量、水环境质量得到显著改善。大农业从粗放型向节能、减肥、降耗、提质、增产发生了明显转变，绿色发展项目不断扩展，绿色食品产能大幅提升，极大催生绿色经济模式提速，促进了生态经济跨越式发展，社会经济发展和生态环境效益显著。基础设施和小城镇建设得到进一步发展，全社会对生态文明示范建设工作高度认可，社会生活幸福指数明显攀升。

育秧棚

江苏省泰州市

示范区

泰州是中国历史文化名城，地处长江下游北岸、长江三角洲北翼，是江苏长江经济带的重要组成部分，是上海都市圈的中心城市之一。近年来，泰州勇于担当，攻坚克难，积极探索生态环境高质量发展新路径，各项工作扎实推进、成效明显。

区域生态环境质量持续改善。2019 年，全市 $PM_{2.5}$ 年均浓度为 44 微克 / 米 ^{3}，同比下降 6.4%；空

沿江备用水源地

气质量优良天数比例为 75.3%，改善情况全省最佳。全市国考断面水质达到或优于Ⅲ类比例为 100%；省考及以上断面水质达到或优于Ⅲ类比例为 91.7%，连续四年保持全省领先；全市县级以上集中式饮用水水源水质达到或优于Ⅲ类比例为 100%，为全省唯一。

生态保护与建设力度切实加大。设立全国首家卫星遥感应用基地，率先开展“长江大体检”，创新开展“健康长江泰州行动”。在全省率先开展环保政策集成改革试点、生态“绿岛”建设、生态安全缓冲区建设等工作。借助“智慧环保”，强化司法联动，精准“点穴”执法，生态环境监管水平稳步提升。

生态环境体制机制创新不断深化。全面推行差别化考核制度，提高生态文明考核分值。组织实施长江入河排污口排查整治全国试点，全力推进生态环境遥感监测全国试点，改革叠加效应日益显现。

沿江湿地

江苏省无锡市惠山区

示范区

阳山桃花岛

惠山是长三角区域重要的制造业基地，以创造过“华夏第一县”“苏南模式”等奇迹而闻名，以盛产阳山水蜜桃而驰名。多年来，惠山深入贯彻落实习近平生态文明思想，以建设“强富美高”新惠山为目标引领，坚定不移把生态优先贯穿于经济社会发展各领域各环节，走出了一条“五位一体”、富有

惠山特色的高质量发展之路。

高目标引领绿色发展。坚持“产业生态化、生态产业化”同推共进，研究制定“惠山区融入和推进‘一带一路’交汇点建设实施方案”等，以智能制造为主攻方向加快转型升级，制造业创新转型和高质量发展、先进制造业集群培育获得江苏省人民政府通报激励。

高质效夯实环境基础。率先启动并完成全域 10 家污水处理厂提标改造工程，尾水排放达到地表水准Ⅲ或准Ⅳ类标准。蓝藻藻泥、餐厨垃圾处置等一批生态环境治理工程陆续建成投用。三年投入环保资金约 101 亿元。

高标准深化协同治理。治污与畅流协同并举，大力推进畅流活水实施方案，用三年的时间，新开河道 20 公里，新建调水闸站 71 座，对 420 条河道实施调水引流，江南水乡风韵日益显现。

高质量构塑宜居空间。大力开展湿地建设，建成了洛社白塘、长安白荡等 7 个湿地，面积达 6 000 余亩，生态保护与修复效果良好，成为展示生态文明建设成果的靓丽“名片”。

江苏省无锡市滨湖区

示范区

滨湖位于太湖之滨，是无锡山水资源最集中、形象风貌最靓丽的区域。一直以来，始终坚持用最严的尺子丈量生态环境保护，用最高的标准抓好生态文明建设，努力打造生态优越的高品质美丽湖湾区。

在守正之中寻求突破。近年来，滨湖致力于推动区域生态环境质量持续好转，空气质量逐年向

胡埭镇蔡巷浜

好，黑臭水体全面消除，省级生态文明建设示范乡镇（街道）实现全覆盖，创成江苏省第一批省级生态文明建设示范区，秦巷浜、朱祥巷浜被生态环境部、住建部列入黑臭河道整治光荣榜，在全国范围内进行推介。

在山水之间做优产业。坚定不移发展绿色高效的生态经济，实施创新驱动发展战略，推动产业结构向绿色化、低排放升级，做强新兴产业、先进制造业、现代服务业和旅游业四大主导产业，努力形成经济持续增长、污染持续下降、生态持续改善的良好局面，打通“绿水青山”向“金山银山”的转化通道。

在探索之际擦亮品牌。作为“河长制”发源地之一，近三年来，滨湖不断升级河长制管理水平，坚持“建”“管”结合，逐步构建起水环境治理共建共享大格局。蠡湖生态治理成功经验，更是引起国内外高度关注，联合国曾将蠡湖作为生态示范区及生态教育基地。

长广溪湿地公园

江苏省无锡市宜兴市

示范区

宜兴地处太湖西部、沪宁杭三角中心，文化旅游资源丰富，经济实力长期稳定位于全国县域前 10 名，境内山水相依、林湖密布，是江苏自然禀赋最为优越的县市之一，是全国闻名的“环保之乡”“国家历史文化名城”“文化生态国际旅游城市”。近年来，在宜兴举办的“陶文化节”“竹文化节”“国际素

茗岭茶场

阳羡湖

博会”等一系列具有国际影响的文化宣传活动中，始终把“天人合一”的生态文明观作为文化传播的核心，作为宜兴对外宣传的名片。

宜兴全面贯彻落实习近平生态文明思想，持续加大生态保护和环境治理力度，全面打响污染防治攻坚战，空气质量提升率、优良率排名无锡市第一，主要入太湖河道水质逐年提升，连续 12 年实现太湖安全度夏，饮用水水源水质持续稳定达标。坚持绿色发展，产业发展持续优化，2019 年，高端线缆、节能环保、新能源、新材料和光电子等五大战略新兴产业规上工业产值占全市总规上工业总产值的 50% 以上；高新技术实现产值占规上工业总产值 40% 以上。现代农业高速发展，“三品”产量占比达到 42.2%。

宜兴走出了一条具有地方特色，经济发展与生态文明相辅相成、相得益彰的新路子，成为江苏省生态保护引领区、江苏省第一批山水林田湖草生态保护修复试点和江苏省生物多样性本底调查试点地区。先后获得了“全国生态示范区”“国家环境保护模范城市”“国家生态市”“国家园林城市”“国家卫生城市”“全国文明城市”等荣誉。

江苏省苏州市昆山市

示范区

习近平总书记指出："像昆山这样的地方，包括苏州，现代化应该是一个可以去勾画的目标。"昆山始终牢记总书记的殷切嘱托，深入践行习近平生态文明思想和"绿水青山就是金山银山"理念，大力实施打好污染防治攻坚战、"美丽昆山"建设等 18 项三年提升工程，协同推进生态环境高水平保护和经济社会高质量发展，全力打造江苏省社会主义现代化建设试点样板。

2019 年，昆山成为全国首个经济总量突破 4 000 亿元、财政收入突破 400 亿元的县级市，再度包揽综合实力、绿色发展、投资潜力、科技创新、新型城镇化质量百强县市"五个第一"，连续 15 年

城市生态森林公园

位居全国百强县首位，连续两年获评全省推进高质量发展先进县（市、区）。在全省首创河长办、治水办、农污办、黑臭水体办“四办合一”，城镇建成区黑臭河道基本消除，境内8个国省考断面优于Ⅲ类比例达100%。空气质量始终保持江苏前列。创新实施农村人居环境整治“红黑榜”考核，先后获评“中国美丽乡村建设示范县”和“全国农村人居环境整治成效明显激励县”。农村生活污水治理工作入选住建部县域统筹推进农村生活污水治理案例。高标准推进海绵城市建设，建成海绵示范区19.5平方公里，昆山海绵城市专项规划入选全国范本。

昆山努力走出了一条经济发展和生态文明相辅相成、相得益彰的路子，实现了“经济强”和“环境美”的和谐统一。

江苏省无锡市太仓市

示范区

金仓湖

太仓是著名的鱼米之乡、民乐之乡、文化之乡、德企之乡，素有“锦绣江南金太仓”的美誉。近年来，太仓先后获得“中国人居环境奖”“国家生态市”“国家园林城市”等荣誉称号，连续多年蝉联中国最具幸福感城市县级市榜首。

跨进新时代，踏上新征程，太仓正紧紧围绕“现代田园城、幸福金太仓”建设目标，以绿为底，

构建田园城市格局；以水为韵，再现水墨江南风貌；以文为魂，彰显娄东文化魅力；以人为本，打造幸福太仓品牌。

太仓全力实施“一心两湖三环四园”的田园城市生态体系建设，构建多层次的生态网络，深入实施长江“共抓大保护、不搞大开发”2982行动计划，高起点构筑沿江绿色走廊，优化生态空间格局。多措并举，全方位打赢蓝天保卫战，实施“一企一管”工程，推进“生态缓冲区”建设，构建“四统一”污水治理模式，改善长江太仓段水环境质量，坚守生态安全底线。秉持绿色发展，深化对德合作，腾出发展空间，助推产业转型，大力推进“资源—产品—再生资源”的循环农业发展，构建生态经济体系。创新生态文明制度，与嘉定、昆山创新构建联防联治区，太仓、宝山、崇明、海门、启东等长江口五市（区）检察院成立生态保护检察协作联盟，构建全民共建共享格局。

浙江省杭州市富阳区

示范区

富阳位于浙江省西北部、杭州市主城区西南方，自古以来青山碧水、钟灵毓秀，是黄公望传世名作《富春山居图》的原创地和实景地。

近年来，富阳深入践行习近平生态文明思想和“绿水青山就是金山银山”理念，持续高质量打好产业业态、城乡形态、环境生态、党员干部精神状态“四态”转型硬仗，全面实施高新产业发展、高

阳陂湖

品质城市建设、高水平社会治理“三高”发展举措，加快与杭州大都市高质量一体化发展，逐渐走出了一条生态优先、绿色发展的民生之路。

精准实施传统产业转型升级。淘汰富春湾新城区域高污染、高能耗的造纸及关联企业，培育、引进以高新制造业为主体的新兴产业，坚持走“无污染、小空间、高科技、大产出”的产业发展道路，实现区域发展新旧能动大转换。

凝心聚力发展“美丽经济”。以全域景区化标准推进乡村环境大提升、实施乡村风貌大整治，以发展美丽经济、壮大集体和农民收入为核心，推进乡村产值不断提高。

统筹推进山水林田湖草系统修复。坚持以群众需求为导向，推进区域生态修复，深入推进富春江岸线生态修复治理，高标准完成省级山水林田湖草保护修复试点工作任务，区域生态环境质量日益优化，城乡居民满意度、获得感不断增加。

渔山乡墅溪村珍贵彩色示范林

浙江省宁波市镇海区

示范区

镇海是宁波主城区北部中心，作为全国最大的成品油加工基地和国内重要的化工新材料生产基地，镇海大力探索生产发展、生活富裕、生态良好“三生融合”之路，努力建设东海之滨的港口强区、品质之城。

一张蓝图绘到底，环境建设步伐坚定。区委、区政府将“实施生态驱动加快提升发展环境”作为区域发展第一战略，严格实施《镇海区生态文明规划》，投入213亿元资金推进生态重点工程，出台《镇海区生态环境保护工作责任规定》，创新智慧监管举措，引导和监督企业落实主体责任，一个共建共治共享的生态文明建设体系逐步形成。

甬江入海口

一把标尺量到底，绿色发展深入人心。镇海始终把绿色发展作为经济建设的标尺，以亩均效益为导向，推进产业高端化、绿色化、集约化发展，打造循环经济硬核，一个低能耗、低排放、高效率的现代绿色石化产业循环发展体系日益完善。

一脚油门踩到底，污染防治铁腕有力。坚决打好蓝天、碧水、净土三大污染防治攻坚战。生态设施日益完善，生态环境持续改善，生态红利不断释放。空气质量优良率达 86.9%，$PM_{2.5}$ 浓度 28 微克 / 米 ^{3}，达到新标准发布以来的最高水平；水环境质量明显改善，市控以上断面达标率为 100%，捧回全省治水最高奖项“大禹鼎”，入选浙江省水生态环境示范试点。

浙江省温州市永嘉县

示范区

永嘉位于浙江省东南部，瓯江下游北岸，是温州地区文化的起源地。素有“中国长寿之乡”“中国泵阀之乡”“中国纽扣之都”“中国玩具之都”的美称。

楠溪江

永嘉一直以来坚持走先保护后发展的路子，抓生态文明建设在全省甚至全国起步都算比较早，从二十世纪 80 年代开始，永嘉县委、县政府就在楠溪江中上游严格实行“工业零准入”政策，并创新实行环境保护“一票否决”，据不完全统计，已经在保护区域否决了几十个总投资超百亿元的投资项目，保住了三百里悠悠楠溪的一江清水，使生态环境成为永嘉高质量发展最大的后发优势和最宝贵的财富。

永嘉始终坚持铁腕治污，先后对造纸、铸造、金属表面处理、线路板、制鞋等重点行业开展整治提升。积极探索法治途径，2020 年 3 月 1 日颁布实施《温州市楠溪江保护管理条例》，并陆续实施 19 项配套措施。坚持全域整治，统筹推进美丽乡村建设和小城镇环境综合整治，成功获评全省美丽乡村示范县。坚持绿色发展和“旅游兴县”“旅游富民”理念，全力打造省级特色小镇——楠溪诗画小镇，着力打通“绿水青山就是金山银山”多元转化的高效通道。坚持全民参与，鼓励引导社会力量参与，在岩坦镇源头村创成温州首个“零污染”村庄，广泛宣传生态文明理念，积极践行绿色生活方式。

浙江省嘉兴市海盐县

示范区

海盐位于浙江省北部杭嘉湖平原。近年来，海盐县委、县政府深入学习贯彻习近平生态文明思想，以“绿水青山就是金山银山”理念为指引，抢抓长三角一体化发展国家战略机遇，围绕高质量发展、高水平治理、高品质生活目标，加速融入长三角一体化，走出了一条以生态优先、绿色发展为导

白洋河湿地公园

向的高质量发展新路子，奋力擦亮“杭州湾北岸璀璨明珠上的第一抹亮色”。

海盐坚持以人民为中心，聚焦人民群众反映突出的生态环境问题，统筹推进“五水共治”“五气共治”“五废共治”等工作，深化“亩均论英雄”改革，大力发展绿色经济、数字经济，推动产业转型升级，着力打造美丽海盐，积极推进美丽县城、美丽城镇、美丽乡村建设，美化人居环境。全面落实“党政同责”，压紧压实属地政府和行业主管部门责任，构建起政府主导、企业为主体、社会组织和公众共同参与的环境治理体系，共建共治共享的生态治理格局初步形成。

近年来，全县生态环境质量持续改善。空气质量连续两年达到国家二级标准，空气优良率连续四年排名全市第一，$PM_{2.5}$ 平均浓度连续三年低于 35 微克 / 米 ^{3}，2019 年成功创建省级清新空气示范区。全县地表水县控以上断面Ⅲ类及以上水质占比达到 75%，南北湖水质连续五年保持Ⅱ类水质，千亩荡饮用水水源地水质达标率持续保持 100%，2015 年和 2017 年两次荣获浙江省治水最高奖“大禹鼎”。

通元镇丰义村

浙江省湖州市吴兴区

示范区

吴兴是湖州的古称，素有“鱼米之乡、丝绸之府、文化之邦”的美誉。2003 年建区之初，区委、区政府就已将生态战略写进并放在了全区发展总体目标“生态吴兴、经济强区、科技新城、幸福家园”的首位。近年来，全区上下坚定不移加强生态文明建设，以供给侧结构性改革为主线，以绿色、循环、低碳发展为方向，加速推动环境向“绿富美”、产业向“高精尖”转变，奋力走出了一条生态保护与美丽经济共赢的吴兴特色发展之路。

美丽环境转化美丽经济。吴兴坚持生态优先，找准发展定位，保持发展定力，做足做好“美丽经济”发展大文章。深度挖掘丝绸文化，港文化、茶文化等内涵，塑造“世界丝绸之源”“国家级水利风

老虎潭水库

景区”“西塞山省级旅游度假区”等生态文化品牌，成功举办世界乡村旅游大会、长三角地区主要领导座谈会、丝绸文化旅游节等，加快发展全域旅游，第三产业发展势头强劲，连续两年实现全国综合实力百强区“大满贯”。

西山漾国家城市湿地公园

文明之理推动世界治理。坚持生态文明和经济建设、社会治理的同步发展，协调发展。2019 年“中国治理的世界意义”国际论坛在吴兴织里镇成功召开，织里社会治理的成功经验被推向了国际舞台。织里镇的华丽蝶变，是向全世界展示“中国治理”的一个窗口，也是向世界展示了中国生态文明建设的一个样本。

浙江省绍兴市诸暨市

示范区

浙江诸暨，西施故里，越国古都，历史悠久，人杰地灵。诸暨以习近平生态文明思想为引领，以“绿水青山就是金山银山”理念、“八八战略”为指导，把“绿色 +”生态理念贯穿于生产、生活、生态全过程，先后荣获“全国文明城市”“国家生态市”“国家卫生城市”“国家园林城市”“国家节水型城市”“省级生态文明建设示范市”等，演绎出了具有诸暨特色的生态文明发展模式。

诸暨以敢为人先的改革之力，探索生态文明体制改革，激活经济社会转型升级、加快发展内生动力。积极探索环境损害赔偿与替代性修复、环境刑事附带民事公益诉讼、流域上下游横向生态补偿机制等生态文明体制机制改革实践，推行以“智能生物链靶向养殖技术”为主要技术的珍珠养殖业污

白塔湖

枫源村

染整治示范工程，着力解决农业面源污染问题。

以新时代“枫桥经验”为指导，以善治为原则实施乡村治理，积极探索新常态下环保监管执法网格化管理模式，实现对基层生态环境的有效治理。以强有力的现代环保监管手段与技术，打造最严环保执法城市，实现对污染企业“不能污、不敢污、不想污”的有效管理。通过建立完善的环境基础配套设施，有效提升生态环境治理能力，确保市域生态环境质量持续改善，群众对生态环境质量的满意度持续提升。

安徽省安庆市太湖县

示范区

太湖坚持以习近平生态文明思想为指导，坚定不移实施“生态立县”发展战略，坚持“一块蓝图绘到底”，着力追求经济发展与环境保护的双赢。

健全工作体系，夯实创建之基。强化组织领导、坚持科学引领，以规划和方案统筹推进生态建设工作。严格监管执法，保持环境安全高压态势。

坚持标本兼治，全力打好“三大攻坚战役”。综合施策促水清，2016 年投资 3 亿多元开展水污染

晋熙镇（刘勇 摄）

徐桥镇（王淑清 摄）

专项整治，整治后的花亭湖成为全市首个国家级湿地公园。多措并举促天蓝，2019 年，县城区环境空气优良天数达 85.7%，$PM_{2.5}$ 平均浓度 35 微克 / 米^3。多管齐下促土净，成功获批国家畜禽养殖废弃物资源化利用重点县项目，项目实施经验全省推广。

严守生态底线，实现可持续发展。加强管护森林资源，制定实施消灭芭茅山“三年行动计划”，共计消灭芭茅山 170 901.9 亩。严格落实耕地保护，近 3 年建设高标准基本农田 35.51 万亩。打造美丽乡村，近 3 年累计建成县级以上中心村 93 个。

坚持绿色主线，做优生态产业。工业发展低碳化，功能膜及延链企业 57 家，“中国膜都”影响力逐步扩大。生态旅游精品化，“朴初故里 太美太湖”旅游形象日益凸显。农业产业特色化，先后被评为“国家农产品质量安全县”“全国有机产品认证示范区”“全国木本油料特色区域示范县”。

安徽省池州市石台县

示范区

“九山半水半分田”的石台，生态功能良好，旅游资源富集，森林覆盖率达 84.5%，是全国平均水平的 4 倍。大气负氧离子平均浓度 6 000 ~ 14 000 个 / 立方厘米，是首届“中国天然氧吧”之一。97% 的面积富含“硒”，为全国不多的富硒地之一。2019 年，$PM_{2.5}$ 年均浓度为 32 微克 / 米^3，地表水水质达标率 100%，被誉为“中国原生态最美山乡”。

提升政治站位，加强统筹谋划。由“十字发展方针”（调农、强工、兴游、建镇、开放），到建设

秋浦河

七都镇七井晒秋基地

"绿色石台、皖南茶乡"，再到建设"中国原生态最美山乡"，生态发展战略不断优化。

守好生态底线，保护"绿水青山"。生态保护红线面积占比 61.9%，居全省第一位。从严控制开发强度，统筹保护"山水土气"资源。

厚植生态优势，打造"金山银山"。培养康养旅游新业态。2019 年实现旅游总收入 80.1 亿元，发展旅游农家乐 1 708 人，人均年收入 45.7 万元。推进"硒 +"特色产业模式。石台硒茶入选中国农业品牌目录，发布硒产品地方标准 3 个。2019 年实现硒产业综合产值 8 亿元，茶产业综合产值 10 亿元，同比增长 15%，农户人均茶叶收入超 0.35 万元，茶产业带动 5 000 余贫困户人均增收 1 600 元以上。

坚持生态生活，增进民生福祉。城镇生活污水集中处理率达到 91.45%，城镇生活垃圾无害化处理率达到 100%。规模化畜禽养殖场粪便综合利用率达到 100%，秸秆综合利用率达到 90.2%。

安徽省宣城市宁国市

示范区

港口湾

宁国地处安徽省东南部，是皖南山区之咽喉，南北商旅通衢之要道。宁国牢固树立绿色发展理念，大力实施生态立市发展战略，积极开展生态文明建设示范市创建工作，生态文明建设取得明显成效，探索出了一条具有宁国特色的生态文明建设之路。

铁腕整治，生态环境稳步改善。深入贯彻落实习近平生态文明思想，持续改善城乡人居环境，着力打造生态文明建设安徽样板。全面打好“蓝天、碧水、净土”三大保卫战。2019 年，空气优良率、$PM_{2.5}$ 年均浓度实现“双达标”，地表水水质达标率 100%。

绿色优先，生态园区迅速发展。优化能源结构，实施“低碳 + 循环”绿色发展。完善环保设施，实施“产业 + 城市”融合发展，打造宜居宜业的产业新城和城市新区。聚焦创新驱动，实施“转型 +

升级”引领发展。

呵护绿色，生态旅游方兴未艾。开展青龙湾生态环境巡察和综合整治，不断突破工作难点，在水源地保护、水上交通和设施管控上出“重拳”，维护良好的生态环境，进而带动青龙湾生态旅游业健康发展。

引导有方，绿色理念深入人心。把生态环境保护纳入国民教育体系和党政领导干部培训体系，推进环保设施向公众开放，强力推进各级环境优美乡镇、生态村、绿色社区等系列创建活动，绿色发展、生态文明理念深入人心。

福建省三明市宁化县

示范区

宁化地处闽江、赣江、韩江“三江”源头，拥有国家地质公园天鹅洞群、全国最深的岩溶湖蛟湖、省级自然保护区牙梳山和古杉木王群等自然景观，资源丰富，是国家重点粮区、烟区、林区、矿区，全国唯一的“中国虎杖之乡”，有色金属的“聚宝盆”。

宁化县委、县政府高度重视生态文明建设工作，盯紧“水净、河清、天蓝、地绿、居怡”的目标，合力守护蓝天绿水青山，构筑绿色生态屏障。紧盯大气污染治理、水岸共治、废物整治，守护好

河龙贡米产地大洋梯田

蓝天、碧水、土壤。坚定不移走绿色生态发展之路，壮大节能环保产业、全域旅游、健康产业、清洁能源产业等，厚植绿色优势，以提高“含绿量”来提高“含金量”。突出打造了一批绿色现代农业，全县 24 家企业的 28 个产品获得无公害农产品认证，“河龙贡米”“淮土茶油”“宁化薏米”“孔坑茶”获得国家地理标志产品登记保护，“两米两茶一稻种”等特色现代农业迎来了高质量发展。大力发展生态旅游休闲产业，培育打造了“一地一院一旧居一线路”等红色旅游品牌，“风展红旗如画”品牌深入人心，实现旅游开发、工业发展、城镇建设与农民增收的良性互动。

现在的宁化，生态美、环境优、百姓富，社会经济走上了一条绿色发展之路，一幅宜居、宜业、生态美丽的新画卷在地处闽江、赣江、韩江“三江”源头的宁化壮丽铺开。

水茜镇沿溪村

福建省三明市建宁县

示范区

建宁地处闽西北、武夷山脉中段，是福建母亲河闽江正源头，是“中国建莲之乡”“中国黄花梨之乡”“中国无患子之乡”“中央苏区县”，是国家级生态县、国家级杂交水稻制种基地县、省级生态农业示范县、省级森林县城。

建宁大力实施“生态立县”发展战略，聚焦蓝天碧水净土，打好污染防治攻坚战，切实让空气更清新、水质更优良、土壤更洁净，生态环境状况等级连续三年评价为优，森林覆盖率从2017的76.51%提高到2019年的78%，省控交接断面地表水水质达国家Ⅱ类标准，饮用水水源地水质达标率达100%，空气质量优良天数比例持续保持在99%以上，连续四届入选全国“百佳深呼吸小城榜”，闽

闽江源国家湿地公园

江源国家级自然保护区获评“中国森林体验基地”“中国森林氧吧”。

经济发展新常态下，建宁充分发挥良好的自然生态环境优势，主攻产业绿色转型升级，积极推进特种薄型纸、食品加工、无患子深加工等传统产业转型升级；推进循环农业建设，形成莲子、种子、梨子、桃子、无患子等“五子登科”特色产业体系；挖掘绿色、红色、古色生态文化资源，形成“生态＋康养”产业引领现代服务业；培育出一批彰显建宁生态特色的产业，“建宁通心白莲”“建宁黄花梨”“溪源明笋”等让万千群众走上了脱贫致富奔小康的幸福之路，尝到了发展绿色生态产业带来的“甜头”，更加坚定了端好“绿色饭碗”的决心。

福建省泉州市安溪县

示范区

华祥苑茶庄园（余金雨 摄）

安溪，地处闽南金三角（泉、厦、漳）中间结合部，晋江西溪上游，是国家生态县、全国十佳生态文明城市、国家级园林县城，也是中国茶业第一县，名茶铁观音的发源地。多年来，安溪深入贯彻落实习近平生态文明思想，坚定践行“绿水青山就是金山银山”理念，走出了一条生态环境“高颜值”和经济发展“高素质”的发展之路，2019 年综合实力位列全国百强县第 60 位。

勤做“加法”，织密管护网络。安溪把生态环境管护放在突出位置，通过持续做“加法”，构建“山长 + 河长、人防 + 技防、联办 + 督办”的工作机制，环境管护能力和水平不断提升。

勇做“减法”，抬升生态底部。安溪坚持绿色打底、以退为进，通过退石材、减茶园、去化肥农药等，从源头上削减污染，夯实生态本底。

善做“乘法”，推动绿色发展。安溪始终注重思路创新、产业革新、技术更新，一方面破立相促，变“废”为宝，另一方面绿色赋能，做优产业，激发生态高效治理与经济高质发展互融互通、互促互进的乘数效应。

巧做“除法”，实现高效治理。安溪以“打好污染防治攻坚战”为主线，坚持精准开方、对症下药，“高效除污”，打造污染防治的“安溪样板”，为全国农村生活污水治理贡献“安溪经验”，在推进农村旱厕整治方面形成“安溪模式”等。

福建省南平市顺昌县

示范区

顺昌位于福建西北部、武夷山脉南麓，是原中央苏区县，森林覆盖率 80.5%。习近平总书记在福建工作深入顺昌调研时对顺昌发展提出“做好从山、水、田的文章”“要把生态体系和产业体系有机结合、共同搞好，解决生态系统和产业系统相辅相成发展的问题”的嘱托。多年来，顺昌县委、县政府

洋口镇

认真践行习近平生态文明思想，主动融入福建省国家生态文明试验区建设，在绿色发展、环境整治、生态保护方面取得了积极成效，作出了探索创新。

顺昌积极探索开展“森林生态银行”试点工作，整合零散化、碎片化森林资源、提升市场化运营，为实现林业一二三产融合发展和百姓增收提供支持；在全省率先探索引进第三方企业和社会力量，开展“五位一体”生态联合巡查、生态执法，形成巡查、协调、处置、执法、考评“一体化”运作机制，提升生态治理效能；充分发挥城市山水资源优势，打好城市建设攻坚战，实施国土空间规划、城市建设、城市管理、交通畅通、智慧城市、城市商业等品质提升六大行动，打造产城融合、城景相依、生态宜居的“水美城市”；持续开发林业碳汇项目，好空气卖出了好价钱，2016 年 12 月 22 日，顺昌国有林场首期推出的 15.55 万吨碳汇量在海峡股权交易中心售出，成交金额 288.3 万元，为福建省迄今为止碳减排量最大的林业碳汇项目。

元坑镇文昌塔

福建省南平市邵武市

示范区

邵武地处福建省西北部，史称“南武夷”，又称“铁城”。这里生态良好、风景优美，是国家级生态市、全国“百佳深呼吸小城”、省级森林城市，山清水秀，天蓝地绿，空气清新，森林覆盖率达78.7%，居全国前列，拥有和平古镇、天成奇峡、武夷温泉、云灵山漂流、金坑红色旅游景区等国家

洋半天

4A 级旅游景区，是一座宜居宜业宜游的城市。

青山不老水长流，福地绿色金不换。邵武坚持生态优先、绿色发展战略，持续完善生态制度、保护生态环境、优化生态空间、发展生态经济、践行生态生活、弘扬生态文化，一张蓝图绘到底，一任接着一任干，精心呵护好绿水青山，全力打造绿色福地。主动融入国家生态文明试验区建设，紧紧围绕南平市“七大绿色产业”“三大创新”“六大行动”“四大经济”，厚植绿色发展动能，推动产业发展生态化、生态资源产业化，构建经济发展和环境保护相辅相成、相互促进的绿色发展格局。

雄关漫道真如铁，而今迈步从头越。邵武强化创新引领，坚持向改革要动力，持续向创新要活力。创建国家生态文明建设示范市工作任重而道远，邵武因势而谋、应势而动、顺势而为，“六新”驱动再挂云帆，积极探索绿色低碳循环的新型发展模式，打通“绿水青山”转化为“金山银山”的点绿成金快速通道，以生态环境的“高颜值”推动经济发展的“高素质”。

大埠岗（韩承伟 摄）

福建省龙岩市武平县 示范区

武平地处闽粤赣三省交界处，武夷山脉的最南端，全县森林覆盖率 79.39%，境内有梁野山国家级自然保护区、梁野山国家森林步道、中山河国家湿地公园三张国家级生态名片，先后荣获“全国文明城市”“全国绿化模范县”“首批国家全域旅游示范区”“国家林下经济示范基地”等称号。

武平是习近平总书记亲手抓起、亲自主导的集体林权制度改革发源地，被誉为“全国林改第一县”，是国家集体林业综合改革试验示范区。2018 年，习近平总书记对捷文村群众来信指示说“希望大家继续埋头苦干，保护好绿水青山，发展好林下经济、乡村旅游，把村庄建设得更加美丽，让日子

越过越红火”。武平始终牢记总书记嘱托，高质量推进深化林改，突出做好生态优先、绿色发展、机制创新、捷文示范“四篇文章”，全力打造林改“武平经验”升级版，继续当好全国林改排头兵，以林改实践推进生态文明建设。

武平坚持“生态立县”，把生态建设保护放在县域发展的突出位置，坚定不移守护好绿水青山；坚持“产业兴城”，成功打造全省首个县域省级高新技术产业园区，大力发展以新型显示为主的信息产业等生态工业，加快建设主客共享的宜居宜业宜旅山水园林精品城市；坚持“旅游富民”，积极发展以“来武平 · 我氧你”为主题，以乡村旅游、森林旅游为特色的全域生态旅游，通过“+ 旅游”带动三次产业融合发展，走出一条生态环境“高颜值”、经济发展“高素质”、乡村振兴“高水平”的高质量绿色发展之路。

捷文水库

江西省九江市武宁县 示范区

武宁地处赣西北，29 个民族在此繁衍生息，生态优美环境好，人文毓秀民风淳，素有“中国最美小城”之称。森林覆盖率达 75.49%，2007 年时任国务院总理温家宝视察武宁时，欣然题词“山水武宁”。

近年来，武宁以深入学习宣传贯彻落实习近平生态文明思想和党的十九大精神为动力，紧紧围绕“始终坚持生态立县，全面推进绿色崛起”发展主题，着力构建“五大生态”，全力打造“三个示范”，先后荣获“国家森林城市”“国家卫生县城”“全国全域旅游示范创建县”“全国休闲农业与乡村旅游示范县”“全国森林旅游示范县”“全国十佳宜居县”“中国天然氧吧”等一系列荣誉。

西海湖区

瑶池

创新生态文明建设机制念好“生态经”。率先推行“多员合一”生态管护员制度，《“多员合一”开创生态管护新格局——武宁县大力推进生态管护员制度的创新实践》列入国家生态文明试验区（江西）成果汇编。2019年，庐山西海水质在全国重点湖泊中位居前三，界牌断面水质长年稳定在Ⅰ类，集中式饮用水水源地水质达标率100%；$PM_{2.5}$年均浓度24微克/米^3。

探索生态文明建设途径走好“生态路”。生态农业遍地开花，武宁是“全国绿色农业示范区”“中华蜜蜂之乡”，并获“中国森林食品示范品牌”，高山野茶业逐渐叫响。生态旅游特色鲜明，主打运动休闲牌、游山玩水牌、康养保健牌，到武宁看花、夜游、看实景剧、住木屋等渐成品牌。

江西省赣州市寻乌县

示范区

寻乌位于江西省东南部，居赣闽粤三省交界处，是江西省内流域面积最大、流入量最多的东江源区县。近年来，寻乌认真贯彻落实习近平生态文明思想，以保护东江源生态环境为目标，统筹推进“五位一体”总体布局，生态文明建设取得显著成效。先后获评“国家重点生态功能区”“省生态文明示范县”“全国造林绿化先进县”“中国果蔬无公害十强县”“国家级出口食品农产品质量安全示范区”。

太湖水库

坚持生态立县战略，强化生态建设保障。构建“高位推动”组织体系，形成“全面覆盖”制度体系，严格落实“管发展必须管环保、管行业必须管环保、管生产必须管环保”工作机制，系统推进生态文明建设。

做好治山理水文章，打造绿水青山寻乌。2016—2019 年，投资近 20 亿元推动生态环境大改善。实行“山上山下、地上地下、流域上下”的“三同治”综合“治山”模式和“一河一策”精准“理水”模式。2019 年，$PM_{2.5}$ 年均浓度 18 微克 / 米 ^{3}，地表水水质达标率 100%。

践行绿色发展理念，打通“绿水青山就是金山银山”转换通道。扭住工业、农业两大领域，绿色引领，实现工业生态化；多元发展，打造农业生态化。依托绿色资源禀赋，发展生态文旅，打造粤港澳大湾区后花园；打造转化试点，兼得“绿水青山”与“金山银山”。2020 年，山水林田湖草综合治理案例被自然资源部《关于生态产品价值实现典型案例的通知》（第一批）收录。

东江源

江西省吉安市安福县

示范区

安福地处赣中西部，既是中国“樟树之乡”“竹子之乡”“福文化之乡”，又是国家重点生态功能区、江西省首批生态文明先行示范县、江西省全域旅游示范区。自然生态禀赋优良，绿色资源丰富。

近年来，安福县坚持“在生态文明试验区建设上做样板、在全域旅游发展上走前列”发展战略，大力实施生态建养工程，积极发展绿色经济，《国家生态文明建设示范县创建规划》稳步实施，国家生态文明建设示范县创建工作取得明显实效。

坚持保护优先，强化生态修复，生态环境质量大幅提升。围绕“源头严防”“过程严管”“后果严惩”建立健全生态文明体制机制。坚持人与自然和谐相处，把生态文明纳入城乡统筹发展，让良好生态环境成为百姓幸福的真切感受。坚持全域治理，实施城乡环境综合整治、重点领域环境污染治理，污染防治攻坚取得实效。坚持走绿色发展道路，大力推进生态与产业深度融合，生态产业规模加快壮大。通过培育发展绿色工业、加快发展绿色农业、繁荣发展现代服务业，推动传统产业优化升级，让绿色成为新时代安福最鲜明的底色。锚定“在生态文明试验区建设上做样板、在全域旅游发展上走前列”发展方向，奋力探索出一条“绿水青山”转化为“金山银山”的“安福通道”，齐心绘出一幅新时代生态文明秀美安福新画卷。

武功山高山草甸

武功山茶种植基地

江西省宜春市铜鼓县

示范区

有机水稻

铜鼓作为长江以南地区的“生态绿肺”，深入贯彻落实习近平生态文明思想，坚定不移实施“生态立县”战略，重点实施“12345”工程，加快推进国家生态文明建设示范县创建工作。

“1”即坚持生态先行，编制《铜鼓县国家生态文明建设示范县规划》，构建形成全覆盖的生态规划体系。“2”即健全组织协调机制、督察考评机制，高效推进生态创建工作。“3”即坚决打好“蓝天、碧水、净土”保卫战，持续改善生态环境质量。2019 年，$PM_{2.5}$ 年均浓度 23 微克 / 米 ^{3}，空气环境质量优良率 100%；地表水质量综合指数排名全省第一。“4”即全面落实“健全管护机制、推进产业升级、发展‘生态 + 大健康’产业、践行‘绿水青山就是金山银山’理念”四项任务，厚植绿色生态优势。诗画公益、田园浒村、云上坪田等高品质秀美城乡竞相媲美。“5”即大力实施城乡垃圾一体化处理、污水处理、美丽宜居建设、生态文明宣传教育、生态环境质量监测五大工程，推动建立生态管护长效机制。

独辟“绿”径，将自然山水“绿色效应”向产业延伸，2019 年实现城镇居民人均可支配收入年均增长 10%，生态旅游带动当地群众就业增长率达 43%，绿水青山变金山银山。绿色崛起势能已经形成，正奋力打造生态文明和“绿水青山就是金山银山”建设铜鼓样板，让生态更优美，乡风更文明，百姓更幸福。

汤里

江西省抚州市宜黄县

宜黄坚持以习近平新时代中国特色社会主义思想为指导，认真贯彻落实“五大发展”理念，以生态文明建设引领经济社会发展，奋力打造江西绿色崛起的“宜黄样板”。

以环境整治为统领，构建生态安全屏障。优化空间布局，重拳出击强力推进污染防治攻坚战。推

曹山

进“三防”体系建设，完善林地分级保护、差别管理保护利用制度。2019 年，$PM_{2.5}$ 年均浓度 21 微克 / 米^3，空气环境质量优良率 97%；地表水水质达标率 100%。

以优美生态为依托，大力发展绿色产业。加快工业转型升级，推动塑料制品等传统产业技改扩建、节能降耗、减污增效；围绕汽车零部件产业、电子信息产业招大引强。发展绿色生态农业，大力发展特色种植，积极发展林下经济。融合推进文旅产业，融合发展旅游、生态、文化、康养，打造“禅韵戏乡、养心宜黄”品牌。

以改革创新为保障，探索“绿水青山就是金山银山”互通机制。在全省率先组建生态综合执法大队，整合多部门生态执法职能，攥指成拳，联合执法。扎实推进农业水价改革，把企业经营引入公益性水利工程改革。探索生态产品实现机制，全面开展重要生态区位商品林赎买工作。

以群众满意为目标，形成全民参与氛围。坚持“以人民为中心”和“人民至上”理念，促进生态文明理念不断传承、创造与发展，满足人民群众对美好生活的需要。

卓望塔

山东省济南市济阳区

示范区

济阳位于鲁西北平原的南部，是省会济南的近郊区。近年来，济阳围绕落实“五位一体”总体布局，把生态文明建设放在更加突出的战略位置，自觉践行五大发展新理念，系统推进生态文明建设，环境基础设施日益完善，人居环境质量明显提高，天更蓝，水更绿，城更靓，群众的获得感、幸福感更高。先后荣获“全国国土资源节约集约模范县”“全国粮食生产先进县”“全国食品工业强县”等

稍门稻田

称号。

绿水青山，更“自然”。坚决落实环境保护主体责任，构建区域绿色生态屏障，加强野生动植物保护工作力度，严格生态保护红线制度，加强自然保护地管理，优化生态空间。

科学施策，更“发展”。建立健全相应工作机构和制度机制，强化生态环境保护工作的统领作用。充分发挥考核指挥棒作用，保障生态文明建设工作任务落到实处。

聚焦问题，重“实效”。以环保督察为契机，开展生态环境突出问题集中整治专项行动；全面推广“环保管家”服务，加快补齐生态环境基础短板，不断提升生态环境质量。

金山银山，要“双赢”。加快产业结构调整，发展战略性新兴产业和高新技术产业，大力推动绿色经济发展。加快生态农业发展，形成“一镇一品”特色，坚持品牌兴农，致力打造“好味知济”区域公用品牌的影响力，构建“1+6+N”品牌体系。

徒骇河

山东省日照市东港区

示范区

东港是中国最年轻的海滨港口城市，“一带一路”主要节点城市日照的驻地区、主城区。东港以党的十九大精神为统领，深入贯彻落实习近平生态文明思想，统筹推进“五位一体”总体布局，实施“生态立区”发展战略，吹响绿色发展的集结号。

海曲

作为日照主要的饮用水水源所在地，东港推动实施九大工程，启动环日照水库水源保护与生态建设，建成“山水相依、林水一体、生态秀美、景色宜人”的省级生态保育示范区，饮用水水源地水质达标率100%。

实施五大碧海行动，退渔还海、修岸护海、治污净海、绿色养海、文化兴海，清理海上非法养殖9 300亩，修复整治海岸线3 000余米。海龙湾工程修复整治工程是全国首个退岸还海修复整治工程，恢复海岸线总长度1 882米。向海经济正在成为东港持续发展的“蓝色引擎”。

实施新旧动能转换工程，优化产业结构，加速形成一批具有示范性、引领性的新兴产业，绿色GDP为经济发展赢得环境效益。

以人民为中心，推进低碳、智慧、高效的交通、环保、市政等基础设施。以精致城市为目标，提升市民幸福指数。61处绿地公园，街头巷尾的城市书房、绿色校园、绿色社区，正在打通幸福东港的最后一公里。

环日照水库饮用水源地

山东省临沂市蒙阴县

示范区

蒙阴位于山东沂蒙山区腹地，是孟良崮战役发生地，也是支前模范“沂蒙六姐妹”的家乡。面积1 605平方公里，境内有大小山头520座、河流178条、大中小型水库103座、汪塘6 500多个，水域面积大，水质清冽甘醇，是临沂的水源地。

坡里村

近年来，蒙阴县大力弘扬沂蒙精神，深入实施“生态立县”战略，全面推进绿色发展、高质量发展，统筹推进自然生态、经济生态、社会生态、政治生态建设，把生态富民理念融入经济社会发展各方面和全过程，先后被国务院纳入“国家重点生态功能区”，被生态环境部列为全国第二批“绿水青山就是金山银山”实践创新基地，获评“国家水土保持生态文明县”“全国绿化模范县”“国家卫生县城”“国家园林县城”“全国文化先进县”“中国十佳休闲旅游名县”等称号，实现了“绿水青山”颜值和“金山银山”价值的有机统一，走出了一条“生态好、群众富、可持续”的发展之路。

2019 年，全县生态环境质量呈现稳中向好、持续改善，河流断面水质达标率 100%；全县 90% 的水土流失面积得到有效治理。成为全国面积最大、品种最多的黄肉桃生产优势产区，新增经济价值超过 20 亿元，惠及 6 万余户果农，每户年增收 1 万元以上。大力推广“互联网 +”“旅游 +”“生态 +”等新兴业态，促进农商文旅等相关产业深度融合，呈现出“村在林中、人在绿中，乡乡文明、村村和谐，家家增收、户户创业”的景象。

山东省滨州市惠民县

示范区

惠民地处鲁北平原，黄河尾闾，东临渤海，南望泰山，是兵圣孙武故里，渤海革命老区驻地和省级历史文化名城，是黄河三角洲高效生态经济区、山东半岛蓝色经济区和环渤海经济圈、济南省会城市群经济圈“两区两圈”叠加地带。境内水系纵横，城湖相依，万木葱茏，层林叠翠，生态

惠民湖

旅游资源丰富，先后荣获“全国绿化模范县”“国家卫生县城”“国家园林县城”“全国生态农业示范县”“全国无公害农产品生产基地县”“省级文明县”“省级旅游强县”等称号，“生态惠民”城市名片熠熠生辉。

近年来，惠民深入贯彻落实习近平生态文明思想，牢固树立“绿水青山就是金山银山”理念，始终保持生态优先、绿色发展的战略定力，将创建国家生态文明建设示范县作为奋斗目标，坚守生态底线，以生态促发展，以生态惠民生，倒逼产业升级，坚持不发展任何化工园区，不让一家化工企业落地，生态环境质量持续改善。持续厚植生态优势，大力发展“5+4+12”生态产业模式和“5333”扶贫带动模式，精准助力脱贫攻坚，实现生态保护和脱贫攻坚双赢。连续举办八届黄河三角洲（滨州·惠民）绿化苗木交易博览会，苗木生产总面积达 18 万亩，市场销售额达 50 亿元，带动群众增收 9 亿元，成为全国最大的白蜡、国槐生产基地和绿化苗木交易市场。

千年宋城遗址

河南省平顶山市汝州市

示范区

汝州地处中原腹地，拥有“两山夹一川”的特殊优势，南北山区15万亩的山体森林筑起天然绿色屏障，北汝河自西向东流经全境，青山护城、汝水绕城形成了汝州最宝贵的山水生态资源。汝州深入学习贯彻习近平生态文明思想，加速推进山水宜居绿城建设，坚决守好绿色生态“家底”，努力走出一条“绿水青山”和“金山银山”双赢的发展路子。

建设美丽城市，做好“山水”文章。深入开展水资源、水生态、水环境、水灾害等“四水同治”行动，成功创建全国节水型社会建设达标市、河南省水生态文明城市。

汝河湿地

建设幸福城市，做好“宜居”文章。着力构建以“红色引擎”为抓手、以“全科网格”为终端、以创建“枫桥式社区”为载体、以“幸福家园”为内容、以“民呼必应”为目的的“五个一”城市社区治理工作机制，加快推进人居环境整治。累计创建省级人居环境达标村、示范村366个、省级“四美乡村”11个，成功申报国家级绿色村庄7个。

安沟湖

建设绿色城市，做好“绿城”文章。大力实施全域国土绿化工程，成功创建为首批河南省级森林城市、首批河南省全域旅游示范市。积极发展乡村旅游、特色森林旅游、文化休闲游，推动文化旅游资源优势转化为发展优势。温泉镇被评为中国最具特色魅力乡镇、全国十佳生态文化旅游乡镇。

河南省许昌市鄢陵县

示范区

鄢陵位于河南省中部，千里伏牛山脉东方，万里母亲河黄河南侧。近年来，鄢陵以习近平生态文明思想为引领，以创建国家生态文明建设示范县为抓手，坚持“以花木改善生态、以生态承载旅游、以旅游繁荣三产”，把绿色生态理念和要求落实到经济社会发展的各个领域，生态环境质量持续提升，

鹤鸣湖

全民生活水平不断提高。

创建工作中，把加强组织领导、加快规划落实、强化执法保障作为创建重点工作，采取有效措施强力推进。

创建战略上，大力发展花木产业，促进产业转型升级，形成一二三产同步推进、一产“接二连三”局面。聚焦“全域花海、全域旅游、全域水系、全域养老”发展方向，推动形成绿色生产方式和生活方式，将“天然氧吧”的生态优势转化为“真金白银”的经济优势，走出了一条健康、高效、可持续的高质量发展之路，成为践行“绿水青山就是金山银山”理念的县域经济发展样本。

坚持“五位一体”总体布局和“四个全面”战略布局，坚持创新、协调、绿色、开放、共享发展理念，立足特色谋发展、发挥优势求突破，不断擦亮“一花一世界、一水润千年、一木赢天下”旅游名片和“中国花都、温泉之城、长寿之乡、美丽鄢陵”城市名片，全面打造生态强县、花木强县、旅游强县、康养强县，着力建设生态鄢陵、富强鄢陵、文明鄢陵、幸福鄢陵，奋力开创新时代鄢陵各项事业发展新局面。

花博园

河南省南阳市西峡县

示范区

西峡地处八百里伏牛山腹地、豫鄂陕三省交会地带，森林覆盖率 82.3%，是南水北调中线工程最大的水源涵养区，闻名全国的“猕猴桃之乡”“山茱萸之乡”“香菇之乡”“恐龙之乡”“重阳文化之乡”，荣膺“最美中国榜——绿色生态旅游目的地城市”。

灌河

坚持生态文明建设“一把手”负责制。坚决贯彻落实习近平生态文明思想，以生态理念统揽经济社会发展全局，确立建设“四区”奋斗目标，实现生态环境改善与经济社会发展的互促互动。

坚持“生态经济化、经济生态化”理念，探索特色发展之路。正确处理“强县与富民、生态与经济、保护与发展”三者关系，持续打好污染防治攻坚战，用绿色创特色。做优生态农业，农民人均可支配收入的 70% 来自“菌果药”三大特色产业。做大绿色工业，动态清零“散污”企业，实现“腾笼换鸟”。做活生态旅游业，重点打避暑养生、生态休闲品牌。2019 年，空气环境质量优良天数逐年增加，出境断面水质稳定达到 100%。

坚持“内源外向并举”，探索开放发展之路。项目、资金、人才“三引”并进，借助外力、启动内力、激发企业活力“三力”并发，优化开放环境，扩大开放领域。

坚持“城乡互动、城乡一体”，探索城乡生态发展之路。以城乡规划布局一体化为引领，推动城镇基础设施向农村延伸、公共服务向农村覆盖、现代文明向农村辐射。

石门湖

湖北省十堰市竹溪县

示范区

竹溪地处鄂、渝、陕三省市交界的秦巴山腹地，位于中国雄鸡版图心脏的位置，素有“朝秦暮楚地、自然中国心”之称。

作为南水北调中线工程重要水源区和国家深度贫困县，竹溪认真贯彻落实习近平生态文明思想，积极对接湖北省“一芯两带三区”、十堰市“一心两翼三高地”区域和产业发展布局，扎实推进“绿水

安家沟

青山就是金山银山”理念实践创新，用系统思维、底线思维、法治思维、改革思维积极开展国家生态文明建设示范县创建工作，以生态文明为引领、以生态规划为先导、以生态工程为抓手、以生态产业为核心，深化“文化 +”“旅游 +”“生态 +”，实施“五大工程”，全域“六城联创”，举生态旗、打生态牌、走生态路、创生态业，探索了一条生态立县、生态富民、转型跨越的山区发展新路径。目前，森林覆盖率 79.6%，植被覆盖率 84.3%，空气环境质量优良天数达标率 90% 以上，水域监控断面水质达标率 100%。

先后获得“全国绿化模范示范县”“全国造林绿化百佳县”“全国珍贵树种培育示范县”“全国生态建设突出贡献先进集体”“全国电子商务进农村综合示范县”“中国茶业百强县”“中国生态自然景观旅游最佳目的地”“中国自然水域垂钓基地”“中国候鸟旅居小城”“中国最美乡村休闲旅游名县”“全国森林旅游示范县”“全国森林康养基地试点建设县”“国家卫生县城”“国家园林县城”等荣誉称号。

茶园

湖北省咸宁市崇阳县

示范区

崇阳位于湖北省南陲，地处幕阜山脉中段北麓，陆水流域中游，面积 1 968 平方公里。山青水秀，峰峦起伏，河溪纵横，田园肥沃，环境优美。近年来，崇阳牢固树立习近平生态文明思想，践行

柃蜜小镇

"绿水青山就是金山银山"理念，始终坚持生态立县发展战略不动摇，依托良好的生态资源和独特的人文资源，发展生态经济，打响生态品牌，努力打造"经济发展高质量、生态环境高颜值、民生幸福高指数"的新崇阳。

构建完善的生态制度体系，全力推进长江大保护和绿色发展"双十工程""五个三"重大生态工程建设，促进生态环境质量持续保持领跑水平。始终坚持把生态优先、保护优先、绿色发展摆在重中之重的位置，科学编制国土空间规划，优化生态空间。以生态建设为抓手提升发展能力。强化管护封山育林、退耕还林，构筑吸收污染、净化环境、抗御自然灾害的绿色生态屏障。森林覆盖率高达 60.8%，荣获"国家园林县城"称号。

坚持生态立县、工业强县、实干兴县不动摇，发展生态经济。依托山、水、林、泉、园优势资源，壮大传统产业、培育新兴产业，打造休闲度假系列产品，以水果、蔬菜、稻虾共养等为特色产业发展生态农业，走出了一条具有崇阳特色的绿色发展、低碳发展、高质量发展的新路子。

青山国家湿地公园

湖北省恩施土家族苗族自治州巴东县

示范区

巴东地处湖北长江之首和三峡库区腹地，是中国古银杏群落之乡、华中药库，有世界最大的富硒矿带（8.4 公里），全域属于富硒土壤区。山水交织、文化交汇，长江、清江横贯东西，武陵、巴山余脉盘踞，是湖北省“鄂西生态文化旅游圈”和“长江经济带”重要区域，属国家重点生态功能区。

大支坪（谭德魁 摄）

坚持“五位一体”统筹推进，长期以来把“绿色发展”放在首位，牢固树立“生态优先”发展理念，紧紧围绕“生态立县、绿色引领、后发赶超”和“五个巴东”建设的发展定位，共抓大保护，不搞大开发。筑牢生态屏障，捍卫生态空间，坚定守护绿水青山永续发展之脉。

持续开展“山更青，水更绿”等一系列专项行动，全力打造绿色巴东，全县森林覆盖率达62.43%。优良的生态环境转化为后发优势，为巴东发力全域生态旅游、实现绿色崛起，打造“宜居、宜业、宜游”的三峡库区生态明珠县，提供了不竭动力。坚持“生态化”导向，实施全域生态旅游发展战略。以打造全国知名的生态文化旅游基地为目标，打造全国疗、休、养目的地。以打造全国知名的绿色富硒食品生产基地为目标，发展茶叶、柑橘和银杏等主导产业，2019 年，有机、绿色、无公害产品有效认证面积占全县有效种植面积的 40.15%。以打造 A 级景区标准规划建设美丽城乡，做足山水文章，实现绿色崛起。

清江十字河（谭德魁 摄）

湖南省长沙市宁乡市

示范区

宁乡素有“传奇之地、安宁之乡”美誉，是省会长沙的近郊县级市和国家级湘江新区的重要组团。近年来，宁乡牢记习近平总书记湖南要“以‘一湖四水’的清水长流、岁岁安澜，为建设清洁美丽的万里长江作出新的更大贡献”的嘱托，坚持把生态立市作为重要战略，努力走绿色生态高质量发

沩水

展之路，大力开展生态文明示范创建，2019 年，成功创成省级生态文明建设示范市。

深入推进沩江污染治理，举全市之力推进污水管网及处理设施建设，实现城区污水全收集、全处理。清理疏通全市城区化粪池和排污管网，综合治理小微劣Ⅴ类水体及排口。新建总库容 645.68 万立方米的八家湾水库，实施“四溪一渠”生态补水。2018 年 9 月以来，沩江双江口出境断面水质持续稳定达到Ⅲ类水质，2020 年 3 月、4 月连续达到Ⅱ类水质，为守护好一江碧水，建设美丽清洁的湘江、洞庭湖和万里长江作出了宁乡贡献。

全面提升绿色发展质量，推动产业转型升级，加快产业结构调整优化。坚定走百姓富、生态美有机统一的新路子，推动生态优势转化为产业优势，以生态振兴带动产业振兴。

创新全民参与形式，鼓励引导人民群众积极、自觉、有序、持续参与生态文明建设，创新举办多层次志愿活动，公众对生态文明建设的满意度、参与度分别达到 92.21%、81.96%，形成共建共治共享的生态文明建设新局面。

亮月湖

湖南省邵阳市新宁县

示范区

"五岭皆炎热、宜人独新宁"。新宁地处湖南省西南边陲，是国家重点生态功能区、全国绿化模范县。境内自然生态资源丰富，山灵水秀，崀山是现今全国乃至世界稀有的大面积丹霞地貌景区。多年来，新宁深入贯彻落实习近平生态文明思想，始终坚持"生态优先"战略，走绿色发展道路，大力

崀山

开展生态文明示范创建工作，先后获得全国生态示范区、湖南省第一批生态文明建设示范县等荣誉称号。

多元共治守护绿水青山。开展“碧水、蓝天、净地”三大行动，环境空气质量优良率达92.9%，国控窖市断面、省控金家坝、宛家岔断面水质稳定达到地表水Ⅲ类标准。划定生态保护红线926.43平方公里，占国土面积的33.68%。植树造林3.7万亩，林草覆盖率达69.63%。生态环境质量监测考核结果保持“基本稳定”。

城乡同治建设美丽家园。完成县垃圾无害化填埋场、县城污水处理厂二期提标改造建设，城镇污水处理率提至90.91%。实施城乡主要道路提质改造与景观建设，崀山大道入选邵阳“十大最美街道”。全县299个行政村基本建立村规民约，公众对生态文明建设的满意度达88.07%。

生态产业引领绿色发展。持续优化产业机构，发展高新技术产业。实施“百里脐橙连崀山”计划，种植面积46万亩，崀山脐橙成为区域绿色农产品品牌。生态旅游、文化旅游创新打造大美崀山城市名片。

赤木湖

湖南省岳阳市湘阴县

示范区

湘阴地处南洞庭湖滨、湘资两水尾间，总面积 1 581.5 平方公里，其中耕地面积 421 平方公里，水域面积 666.7 平方公里，是洞庭湖湿地及其生物多样性保护重要地区和湖南生态保护“一脉”“一肾”的重要组成部分。

夏家山

近年来，湘阴深入贯彻落实习近平生态文明思想，以生态文明建设示范县创建为抓手，坚持规划引领，建立健全制度保障。

实施“十大”清湖行动，建设水韵湘阴，关停116个砂石码头、堆场，拆除洞庭湖矮围201处、1 600多公里。2019年，国控横岭湖断面、虞公庙断面均达到地表水Ⅲ类标准，满足国家省市考核要求；黑臭水体消除比例达到38.5%；湿地保护率71%。

实施最严密法治，守护自然生态空间，开展“利剑行动”“清网行动”等专项行动，有效保护野生动植物，维护生物多样性；生态保护红线303.83平方公里、受保护地总面积约401.51平方公里，分别占国土面积的19.21%、25.40%；林草覆盖率20.38%。

实施人居环境提升“七大工程”，按照乡村振兴20字要求，完善农村环境基础设施，发展乡村生态产业，开展农业面源污染治理，先后创建省级美丽乡村7个，“厕所革命”受到国务院大督查肯定。公众对生态文明建设的满意度99.3%。

实施科技创新，支撑6家龙头农业企业、7家工业企业绿色发展。樟树港辣椒成为生态农业集约发展的典范。

斗米嘴

湖南省永州市东安县

示范区

东安是千里湘江之源，德武文化之乡，物产丰饶之地，生态宜居之城，国家重点生态功能区。近年来，东安深入贯彻习近平生态文明思想，牢固树立“绿水青山就是金山银山”理念，坚定不移推进

紫水河

生态文明示范创建。坚持规划引领，健全机制保障。新增紫水国家湿地公园和独秀峰国家石漠公园 2 处国家级自然保护地。2019 年，绩效考核“高质量发展”排永州全市第一，走出了一条经济发展和生态保护协同并进的绿色发展之路。

生态环境持续改善，生态环境状况指数（EI）连续多年为优。2019 年，全县所有地表水监测断面和湘江绿埠头饮用水水源地水质全部为Ⅱ类水质、达标率为 100%，紫水河获评湖南省最美河湖。生态产业蓬勃发展，引进一大批国家能源集团等“国字号”“强字号”重大产业项目，新增资源节约型高新技术企业 10 家，擦亮了“国家农产品质量安全示范县”“国家级出口食品农产品质量安全示范区”金字招牌，成功创建湖南省全域旅游示范县。生态宜居水平提高，全县共创建 28 个美丽乡村示范村，建设“秀美村庄”示范村 34 个，国家级森林乡村 3 个；森林覆盖率 62.9%；成功创建国家卫生县城、省级文明县城、省级园林县城。生态文化不断丰富，全县党政领导干部培训率达 100%，绿色出行成为市民生活时尚，公众对生态文明建设的知晓度、参与度和满意度逐年提升。

高岩湖

湖南省怀化市通道侗族自治县

示范区

通道位于湖南省西南边陲，怀化市最南端，湘、桂、黔三省交接处，素有“南楚极地”“百越襟喉”之称；是湖南省成立最早的少数民族自治县，也是革命老区县、全国重点生态功能区、“中国天然氧吧”，2019 年成功创成省级生态文明建设示范县。

玉带河

近年来，通道深入贯彻落实习近平生态文明思想，围绕“生态立县，旅游兴县、产业强县”发展目标，坚持念好山水经，走稳生态路，以生态旅游、生态康养、生态农业、清洁能源、生物制药等为导向，走出了一条用美丽战胜贫困的生态之路。2019 年，全县城区空气质量优良率 98.1%，排名全市第一，全省第三；2018 年，生态环境状况指数 87.15，居全省前列。

打好生态旅游牌，立足“生态绿、民俗古、革命红”3 大旅游板块，推动全域旅游均衡发展。2019 年全县接待游客 470 万人次，实现旅游收入 28.2 亿元。成功创建 4 个国家 4A 级旅游景区和 4 个国家 3A 级旅游景区，6 个侗族村寨入列《中国世界文化遗产预备名单》，18 个侗寨入选第 5 批中国传统村落。

走好生态产业路，建成怀化第一家“怀青农场”，家庭农场 91 家，农民专业合作社 708 家。成功创建 6 个“现代农业特色产业园省级示范园”，形成中药材、油茶、蔬菜、水果、茶叶等五大农业产业，打造了“通道黑老虎”“独峰大米”“独侗油茶”等特色农产品品牌。

鸭（刘大源 摄）

广东省广州市黄埔区

示范区

黄埔位于广州东部珠江北岸，自古就是华南门户，境内自然生态优美，文化底蕴厚重，历史遗存丰富。近年来，黄埔深入贯彻落实习近平生态文明思想，积极践行“绿水青山就是金山银山”理念，坚持绿色发展总基调，创新构建生态文明体系，全面推进生态文明示范创建，实现了经济社会发展与生态文明建设双赢。

深化制度体系，建设生态黄埔。率先建立生态环境现代化治理体系，打造国内先进污染防治攻坚

生物岛

战指挥系统。保障生态安全，建设美丽黄埔。全市首创“企业河长”，河长制、环保责任制考核均居全市第一，大气污染防治考核连续三年获评“优秀”。优化生态空间，建设绿色黄埔。推进“三线一单”编制工作，落实生态功能区划，严守生态红线区域形成生态保护红线全区域“一张图”。推进生态经济，建设低碳黄埔。出台绿色发展政策，连续三年获评“国家级经开区绿色发展最佳实践园区”，启动运营绿色金融创新服务中心，全省首批排污权质押融资项目落地黄埔。创造生态生活，建设宜人黄埔。全市首条“中国红”纯电动双层巴士开通运营，国内首个三星级绿色建筑认证地铁站落户黄埔，2019年获评“中国最具幸福感城市”。构建生态文化，培育人文黄埔。建立生态文明全民教育机制，举办“生态黄埔，你我同行”等公益活动。

中新广州知识城（江海宾 摄）

广东省深圳市 示范区

深圳坚持以习近平生态文明思想为指导，践行“绿水青山就是金山银山”理念，立足粤港澳大湾区和中国特色社会主义先行示范区“双区”建设的定位要求，不断推动习近平生态文明思想落地生根、开花结果。

2013年在全国率先启动生态文明建设考核，生态文明建设考核成为城市高质量发展的“助推器”；用4年时间补齐近40年水环境历史欠账，水环境质量实现历史性、根本性、整体性好转，159个黑臭水体和1 467个小微黑臭水体提前一年实现全面消除黑臭，被国务院评为重点流域水环境质量改善明显的5个城市之一；空气质量连续多年稳居全国前列，“深圳蓝”成为靓丽城市名片，2019年$PM_{2.5}$年均浓度降至24微克/米^3，达到世界卫生组织第二阶段标准；将市域近一半土地划定为基本生态控制线范围，明确规定全市生态用地比例不低于50%；坚持创新驱动，实现了从“深圳制造”到“深圳创造”的转变，PCT申请量连续十六年排名全国第一；不断提升市民“绿色福利”，建成公园数量1 090个，新建建筑率先全面执行绿色建筑标准，绿色建筑总面积超1.1亿平方米；率先在全国创建自然学校，培育环保组织140多个，环保志愿者超过22 000人。

深圳成功入选全国“无废城市”建设试点，先后获得了“国际花园城市”“环境保护全球500佳”“联合国人居荣誉奖”“全国绿化模范城市”“国家节水型城市”“国家园林城市”“国家环保模范城市”“国家森林城市”等荣誉称号。

华侨城湿地

广东省深圳市南山区

示范区

南山，是打响改革开放第一炮的先行地，也是粤港澳大湾区建设及“一带一路”的重要节点。多年来，南山坚持高质量发展，GDP 连续 7 年位居全国区县第三、广东省第一，居中国城区综合竞争力百强区之首，走出了一条“让保护更严格，让发展更充分”的生态文明建设新路。

人才公园

保护优先，充分发展，全面构建宜居宜业、错落有致的生态空间格局。将 70.02 平方公里土地纳入基本生态控制线范围，占全区面积的 37.3%；将 25.5 平方公里土地划入生态保护红线，生态空间实现应保尽保；全区绿化覆盖率 53.03%，人均公共绿地面积达 15.53 平方米；建成内伶仃岛国家级自然保护区和全市首家国家级湿地公园——华侨城湿地公园。

强化统筹，压实责任，全方位绘就生态蓝图。率先将生态文明建设纳入政府绩效考核范围，形成部门、街道、社区高效联动的创建机制，压实各项任务。推出“环评备案制”改革，相关经验做法获全国推广。完善常态化执法机制，开展“利剑”等专项执法行动，有效确保全区环境安全。

提前谋划，精准施策，全力打好污染防治攻坚战。对标国际先进，系统实施“深圳蓝”和治水提质攻坚行动。$PM_{2.5}$ 年浓度低至 24.1 微克 / 米 ^{3}，达到世界卫生组织第二阶段水平，主要河流大沙河水清岸绿达Ⅲ类水标准，“一带一园一廊”连通山、海、湖、城，市民获得感、幸福感显著提升。

西丽水库

广东省深圳市宝安区

示范区

宝安作为深圳最早的前身，也是当前深圳的人口大区、工业大区。多年来，宝安始终贯彻落实习近平生态文明思想，以生态文明示范创建为抓手，以污染防治攻坚战为重点，四年累计投入655亿元，实施生态文明建设147项工作措施和201项工程，形成了“茅洲河治水”“一水清拆”“环保主任”等一

石岩水库

批全国瞩目的环境治理“宝安模式”。

决战决胜水污染治理。首创“高强度持续投入、全流域系统治理、大兵团联合作战”的 EPC 治水模式，实现 66 条河流全部消除黑臭。强力推进空气环境改善。创新建立了网格化监管、环保主任等制度，率先打造钣喷一体化“共享车间”，空气质量改善幅度全市最大。深入推进无废城区建设。建成老虎坑垃圾焚烧厂、大铲湾余泥渣土分选基地，在建宝安环境处理技术应用示范基地，基本实现固废、建废、危废“自产自销”。深化改革工业管理体系。高标准建设全球最大的电子信息产业环保基地——江碧环境生态产业园，推动 224 家电镀线路板企业集中入园、集中治污，开创工业入园管理新模式。创新生态环境监管模式。在全省率先开发“河务通”APP，建立“智慧环保”“智慧水务”系统，建成生态环境监测大数据平台。持续提升生态宜居品质。发挥“山—城—海”空间特色，重点打造公园之区、海绵城市等项目，全区公园总数达 183 座。

茅洲河

广东省深圳市龙岗区

示范区

龙岗位于深圳东北部，是深圳辐射粤东粤北地区的“桥头堡”、东进战略的核心区和主战场，更是建设中国特色社会主义先行示范区的东部中心。近年来，龙岗坚持贯彻落实习近平生态文明思想，大力开展生态文明示范创建，走出了一条人与自然和谐共生的绿色可持续发展道路。

大运新城

以“绿色低碳”引领经济高质量发展。深入推进深圳国际低碳城建设，连续举办 7 届深圳国际低碳城论坛。大芬油画村、大运软件小镇分别成为中国文化产业发展、产业园升级改造的典范与样本。大力建设“一带一路”环境技术交流与转移中心（深圳）。2019 年辖区华为、兆驰 2 家企业入选国家绿色制造名单。

以“绿水青山”展现环境高水平保护。突出污染防治攻坚，建成投用排放标准全球最严的深圳东部环保电厂。深入推动水污染治理，建成污水管网 1 780 公里、改造正本清源小区 3 756 个，实现了 40 条黑臭水体全部消除黑臭，780 个小微黑臭水体全面销号，河流水质达到监测以来历史最高水平。

以“生态品质”成就公众高品位生活。累计建成公园 233 座、各类绿道 474 公里，推进花景大道、花漾街区等精品景观工程建设，龙翔大道花卉景观大道等 7 个绿化提升项目被评为全市优秀项目。深化产城融合与品位提升，甘坑小镇入选首批国家级文旅特色小镇名单。建成广东省宜居社区 103 个。

龙岗河

广东省深圳市龙华区

示范区

龙华位于深圳中北部，总面积175.6平方公里，处于粤港澳大湾区核心中轴地带，是深圳、粤港澳大湾区的先进之都和区域核心商圈。近年来，龙华秉持“绿水青山就是金山银山”理念，大力开展生态文明示范创建，坚持规划引领，健全机制体制保障，做山水文章，兴绿色产业，谋民生幸福，成

观澜版画基地

功走出了一条立足龙华“工业高度发展、人口高度密集”区域特征的高质量发展新路子。

高水平守护绿水青山。抓实抓好三大污染防治攻坚战，实施观澜河流域水污染治理等重大项目。2019 年，辖区 $PM_{2.5}$ 年均浓度下降至 26.3 微克 / 米 ^{3}，观澜河年均水质提升至地表水Ⅳ类，生态环境质量达到建区以来最高水平。

高质量引领绿色发展。产业转型升级考核连续两年蝉联全市第一，万元 GDP 能耗、水耗持续下降。通过引“大牌”、招“大师”，重“文化”，推动产城融合，大浪时尚小镇成为生态与时尚完美结合的典范，获“国家自主创新示范区”“国家外贸转型升级示范基地”等多个国家级荣誉。

高品位打造宜居空间。先后建成深圳北站中心公园、白石龙音乐公园等 137 个精品公园，绿道 261 公里，开通全国首条“人才绿道”示范段。“物管进村”民乐村城中村治理经验获中央督导组肯定。实施“古村活化”，上围、鳌湖等老村成为网红打卡点。观澜版画基地获“中国人居环境范例奖”。

广东省深圳市光明区

示范区

光明位于深圳西北部，地处广深港澳科技创新走廊核心节点，粤港澳大湾区几何中心。2018 年，经国务院批准由“功能区”晋升为“行政区”。近年来，光明始终高度重视生态文明建设，近三年累计投入 140 亿开展生态文明建设，对标国际建设世界一流科学城，精心描绘光明“蓝绿本底”。

突出示范引领，集 8 块“国字号”绿色招牌于一身。先后取得“国家绿色生态示范城区”“国家绿色建筑示范区”“国家循环化改造示范试点园区”等 8 块“国字号”绿色招牌。深化改革创新，健全基

公明水库

层生态环境治理机制。率先构建“1+1+N”基层生态环境保护与监管制度体系和“区—街道—社区”三级生态环境保护委员会，打造环境问题发现、整治、执法“三张网”和水务管理网格。率先建立“环保顾问”制度，营造共建共治共享新局面。强化铁腕整治，大幅改善生态环境质量。强力推进污染防治攻坚战，茅洲河干流（光明段）等 14 条干支流全部达到地表水 V 类或以上标准，148 个小微黑臭水体全部消黑销号验收。建成全市唯一永久性用地的河道底泥处置厂、建筑废弃物受纳场和小废水集中处理设施。对标国际一流，打造生态宜居标杆。实现四星宜居社区全覆盖，城中村综合治理优秀率全市第一。打造“公园之区”，公园总量达 213 个。海绵城市、绿色建筑等国家级示范试点成绩斐然。

广东省肇庆市

示范区

肇庆地处广东省中西部、粤港澳大湾区西北部，是大湾区北部生态屏障的重要分布区域，以山水风光和良好生态著称，鼎湖山更是被誉为“北回归线上的绿宝石”，是我国第一个国家级自然保护区，也是联合国教科文组织在我国最早设立的“人和生物圈”保护区之一。

近年来，肇庆深入贯彻落实党的十九大精神和习近平生态文明思想，牢固树立“绿水青山就是金山银山”理念，以“绿色崛起，争当湾区新秀”战略目标为指引，大力推动生态文明示范创建，走出一条具有肇庆特色的高质量发展之路。

广宁古水河

生态环境成就“肇庆颜值”。精准施策，强力推进“三大污染防治攻坚战”，2019年，环境空气质量优良率达到97.3%，改善幅度全省第四、珠三角第一。全市12个地表水省考及以上断面水质达到或优于Ⅲ类比例达到91.7%，西江肇庆段225公里为全国水质最好的河流之一，水质长期保持地表水Ⅱ类标准。

生态建设提升“肇庆品质”。统筹推进城乡生态宜居空间塑造，大力推动公园绿地系统建设，建成星湖、怀集燕湖2个国家湿地公园，累计批建森林公园151个，“湾区生态绿洲”建设成效显著。

绿色崛起演绎“肇庆精彩”。实施创新驱动发展“1133”工程，全力打造西江创新产业走廊。

广东省韶关市始兴县

示范区

盘坑凹（钟志明摄）

始兴坐落于南岭南麓，历史文化底蕴深厚，境内自然生态资源丰富，林草覆盖率高达79.35%。近年来，始兴坚持生态立县，深入贯彻落实习近平生态文明思想，始终坚持“生态优先、绿色发展”战略，一届接着一届干，一年接着一年干，坚定不移走生态之路，全域打造中国最美小城。

生态创建持续发力。六任县委书记二十年如一日，持续推进生态创建，建立健全机制体制，坚持规划引领，坚定不移把生态发展融入经济社会建设的全过程。

生态文化厚植于民。坚持生态教育从娃娃抓起，在中小学开设生态教育课程。编制了《始兴生态教育读本》《始兴生态建设》等多种杂志读本，成功举办“共爱墨江·我们都是行动者”等内容丰富的主题活动，引导公众积极参与，进一步弘扬生态文化。

生态环境不断优化。坚决打好“蓝天、碧水、净土”保卫战，统筹城乡人居环境提升，实施农村安全饮用水保障工程，新建县城第二污水处理厂和乡镇污水处理厂，全县地表水和江河断面水质达标率100%，环境空气质量优良率达98%以上，常年居广东省前列。

生态经济快速发展。大力发展生态林业、生态农业、生态旅游，建立了有机食品专业镇，做大做优枇杷、杨梅等品牌，打造特色生态产品，孕育了“三品”认证农产品237个、省级名牌产品19个、名特优新品牌18个。

车八岭自然保护区

广东省清远市连山壮族瑶族自治县

示范区

连山是一个“一脚踏三省”（粤湘桂）、“一水流三江”（广东北江、广西西江、湖南湘江）的边城县，素有“岭南翡翠绿洲”之称，是粤北生态屏障的重要组成部分，属国家重点生态功能区、广东省生态发展区。近年来，连山深入践行习近平生态文明思想，围绕“小而美、小而富、小而强的美丽边城、小康连山”奋斗目标，走出一条经济与生态环境和谐的绿色发展道路。

生态环境质量稳定向优。空气质量优良率连续多年保持在98%以上。深入实施“河长制”，启动

茅田观景台（王凌剑 摄）

6个城镇污水处理设施建设，累计清理河道290.8公里，全县主干河流出境水质长年均保持在Ⅱ类以上。2019年全县生态贡献量达到84亿元。

人居环境品质深度提升。深化美丽边城建设，成功创建美丽乡村316个，连续4年入选“全国百佳深呼吸小城”榜并名列前茅。

绿色发展水平持续提升。围绕“产业生态化、生态产业化”，积极把生态优势转化为经济优势，创新生态旅游、生态农业发展路径，打造粤港澳大湾区旅游休闲度假区、目的地和优质农产品供应地。

生态空间守护成效突出。建成7个省市县级自然保护区，实施绿美南粤三年行动计划，森林覆盖率达85.34%，位居广东省第一。划定生态保护红线512.66平方公里、生态保育区640.31平方公里，分别占国土面积的42.06%、52.57%。

金子山之冬（植瑞政 摄）

广东省清远市连南瑶族自治县

示范区

连南地处粤北山区，境内自然生态优美、资源丰富、民族风情浓郁奇异，素有“百里瑶山”之称，是广东自然生态系统最完备最独特的地区之一，也是全省唯一一个拥有湿地、石漠两个不同类型国家级公园的少数民族自治县。

近年来，连南全面落实习近平生态文明思想，紧抓自然生态优越这一最大资源禀赋，在保护中发展，以发展促保护，做到五个坚持：

田园梅村

坚持组织引领，确定了“生态与文化立县·全面高质量发展”新时代目标，突出规划先行，健全机制体制保障。组建生态环境保护警察大队。坚持管治结合，全力以赴打好污染防治攻坚战，生态环境状况指数连续9年达80以上，评价均为优。坚持生态优先，划定并严守占县域面积71.91%的生态保护红线，连续15年纳入广东省最严保护。坚持“生态+”战略，大力发展“生态+旅游”“生态+文化”“生态+农业”等绿色产业，成为国家重点生态功能区、广东省生态发展核心区、粤北绿色生态屏障和水源涵养区，2019年全县整体实现脱贫摘帽。坚持绿色低碳，奋力打造“天下瑶城·小县大城”，森林覆盖率80.88%，在广东省三个民族县中率先成功获得全国森林旅游示范县“国字号”品牌。全县589个自然村100%完成人居环境综合整治，创建美丽乡村共351个。

板洞天湖

广西壮族自治区防城港市东兴市

示范区

东兴位于我国大陆海岸线最西南端，北靠十万大山，东南濒临北部湾，西南与越南接壤，是我国唯一与东盟海陆河相连国家一类口岸城市，是我国通往东盟最便捷的海陆门户之一，也是我国人口较少民族京族的唯一聚集地。

近年来，东兴始终牢记“固边富民睦邻”使命，坚持“边海联动、全域开放”，深入学习贯彻习近平生态文明思想，牢固树立“绿水青山就是金山银山”理念，以国家生态文明建设示范创建为抓手，统筹生态建设，充分释放“海”的潜力，激发“江”的活力，做足“边”的文章，全力打造边海生态

北仑河口红树林自然保护区

国门。

屏峰雨林景区红石谷漂流

坚决打赢打好污染防治攻坚战，生态环境质量持续提升。2019 年，东兴饮用水水源水质、地表水水质和近岸海域环境功能区水质达标率均达 100%；城区环境空气质量优良率居防城港市各区县第一；生态环境状况指数为 83.3，级别为优；森林覆盖率约为 66.78%，受保护国土面积比例 22.9%，人均公共绿地面积 14.17 平方米。成功创建自治区、防城港市生态镇村 23 个，全市生态村命名率达 68%，并成为防城港市首个自治区级生态市。

构建边海山现代特色经济体系，绿色发展质量持续提升。做大做强六大跨境产业，深化中国东兴—越南芒街“两国一城”全域旅游合作。2019 年，县域旅游经济综合指数排名自治区第六，获评首届“广西旅游创新发展十强县”。

广西壮族自治区河池市凤山县

示范区

凤山位于广西西北部，因“环山似凤，环凤皆山”得名。县域面积 1 738 平方公里，辖 6 乡 3 镇，主要居有壮、汉、瑶等 11 个世居民族。素有“核桃之乡”美称，是广西八角产区和木材生产基地之一。

三门海地下河天窗

近年来，凤山以习近平生态文明思想为指导，牢固树立“绿水青山就是金山银山”理念，紧紧围绕“生态立县，环保优先”发展理念，深入推动生态文明示范创建工作。坚持规划引领，健全机制体制，突出以“治”创优、做好“林”文章、深化“五村创建”，成效显著。生态环境治理效果显著。2019 年空气质量优良率 99.2%，$PM_{2.5}$ 年均浓度为 27 微克 / 米 ^{3}，全年进入全市排名红榜；县域负氧离子含量平均在 2 万 ~ 5 万个 / 厘米 ^{3}，是名副其实的“天然氧吧”。地表水、城区集中式饮用水水源水质均达到或优于Ⅲ类标准，水质达标率为 100%；农村环境质量监测点总体评价良好；生态环境状况指数（EI）达到 85.5（优）；森林覆盖率达 83.8%。绿色发展质量持续提升。深化“岩溶之冠，洞穴之城”之美誉，加快推动生态旅游发展，2019 年接待游客 443.27 万人，旅游总消费 47.06 亿元，同比分别增长 23.34%、24.04%。生态农业持续发展，2019 年，凤山核桃通过国家农产品“地理标志”登记保护。生态宜居水平不断提高。全县建成运行 8 座乡镇级污水处理厂和 118 个村屯污水处理站。自治区级生态乡镇、生态村创建率分别达到 88.89%、87.76%，2019 年荣获“自治区级生态文明建设示范县”。

寿源凤山三门海

广西壮族自治区崇左市凭祥市

示范区

凭祥地处祖国西南边陲，素有“中国南大门”之称，是广西口岸数量最多、种类最全、规模最大的边境口岸城市。近年来，凭祥深入贯彻落实习近平生态文明思想，积极践行“绿水青山就是金山银山”理念，统筹推进环境保护和经济发展，产业结构不断优化，环境质量全面提升，全社会环境保护

凭祥城区

印象凭祥 谭培广 摄

的氛围基本形成，较好地实现了生产、生活、生态的和谐共赢。

扛起责任，构筑生态环境大格局。以生态文明建设统揽全市经济社会发展全局，初步形成党委重视、人大监督、政府主抓、政协参与、部门联动、社会各界齐抓共管的良好局面。守住底线，助力经济绿色转型。发展生态工业，坚持走“环境污染少、资源消耗低”的发展路子；发展生态农业，完善水果加工产业链，做大做强水果加工产业；发展生态旅游业，推动全域旅游示范区、边境旅游试验区、跨境旅游合作区“三区”联创。筑牢根基，全力补齐生态环境短板。完善环保基础设施，创新生活垃圾处理协作方式，与崇左合作建设天西垃圾填埋场二期项目。2019 年，空气质量优良率 96.7%，国控平而关断面水质达到Ⅱ类，生活污水处理率超 92%，生活垃圾处理率达 100%。统筹联动，一体推进城乡发展。推行城乡环卫一体化“自我管理”，深入实施乡村振兴战略，自治区级生态乡镇、生态村创建率分别达到 100% 和 73.7%，20 多个村屯获评“美丽广西”乡村建设绿色村屯称号。

平而河

重庆市黔江区

示范区

黔江地处武陵山区腹地和重庆东南部中心，向为“巴楚要冲”，素称“渝鄂咽喉”，巴楚文化交汇于此，土家苗汉共生共荣。

近年来，黔江深入贯彻落实习近平生态文明思想，积极践行“绿水青山就是金山银山”理念，充分发挥生态优势，统筹生态环境保护和脱贫攻坚工作，推动山地特色经济高质量发展，让“产业进山、产品出山”，蚕桑、脆红李、猕猴桃、羊肚菌等山地特色农业效益形成生态惠民典型示范效应；获评中国猕猴桃之乡、中国脆红李之乡、全国首批农村产业融合发展试点示范区。

用足用好生态与民俗文化两个“宝贝”，创新开辟“游客上山、农民下山”的山地旅游路径，全

阿蓬江

方位形成“开放旅游 + 精准扶贫”的旅游益贫模式，在重庆率先实现生态环境保护与脱贫攻坚双赢，走出了一条生态与经济协同发展、互促共进、良性循环的新路子，形成了全民自觉践行“打山水牌”、吃“绿色饭”、走“生态路”的生态文明建设良好氛围，切实筑牢了绿水青山如诗画卷的生态文明防线。随着生态文明建设的深入推进，“蓝天碧水、清新清凉、绿色低碳、和谐宜居”的绿色生态城市日益显现，“绿色中国・杰出绿色生态城市”等国字号名片纷至沓来，市民更多、更直接、更实在的获得感、幸福感得到了进一步增强，清新黔江建设取得较大进展。

小南海湖

重庆市武隆区

示范区

武隆地处重庆东南部乌江下游，武陵山和大娄山峡谷地带，被誉为世界喀斯特生态博物馆；是渝东南、湘西和黔北地区连接重庆的重要通道，被联合国授予“可持续发展城市范例奖”，2018 年获批国家第二批“绿水青山就是金山银山”实践创新基地。

坚持生态优先，扎实开展碧水、蓝天、绿地、田园、宁静“五大环保行动”，持续改善生态环境质量。2019 年，城区空气质量优良天数比例 96.43%，$PM_{2.5}$ 浓度 26 微克 / 米 ^{3}；境内乌江、芙蓉江、

芙蓉江

大溪河等 40 条河流水质均达到或优于Ⅲ类。

坚持绿色发展，把生态旅游作为战略性主导产业培育打造，成功探索出“旅游 +N”发展模式，实现了“旅游做到哪里，老百姓就富裕到哪里”。绿色生态农业，“仙女红茶”“土坎苕粉”等产品成为中国知名品牌，成功创建国家第二批农业绿色发展先行区。

坚持生态体制改革，积极探索集体林地承包有偿退出机制和重点生态区位非国有商品林赎买机制，全面落实生态公益林补偿机制。探索建立科学合理的干部考核评价体系，突出生态环境考核指标权重。

坚持全民共建共享，全力打造“中国武隆公园”，实施乡村振兴、人居环境重点整治行动等“十大工程”，建成区绿化覆盖率达到 44.07%，城镇人均公园绿地面积增长到 15.86 平方米 / 人。强化生态宣教，引导全民参与。

仙女山最美公路

四川省成都市邛崃市

示范区

邛崃是巴蜀四大古城之一，西汉才女卓文君的故乡，川藏茶马古道的起点，自古便有“天府南来第一州”的美誉。近年来，邛崃协同推进经济高质量发展和生态环境高水平保护，全力闯出一条生产发展、生活富裕、生态良好的绿色崛起新路，极力再现“极天山影多平远，绕郭溪流半浅深”的大美邛州画卷。

树牢绿色发展理念，坚定打造山水公园城市的战略定力。始终将生态文明建设作为完善成都西部区域中心城市现代治理体系的重要一环，围绕建设成都西部区域中心城奋斗目标，推动绿色高端产业

夹关茶悦小镇

示范区、文旅融合发展先导区、山水公园城市样板区建设。

推动经济高质量发展，充分彰显山水公园城市的价值取向。规划“2+N”全域公园城市建设体系，打造新能源新材料、绿色食品、现代种业三大功能区，筑牢城市发展支撑，做大做强绿色低碳产业。

改善生态环境质量，深度释放山水公园城市的生态红利。实施铁腕治霾、重拳治水、科学治土、绿化全川，督促问题整改。2019 年，$PM_{2.5}$ 平均浓度 37.1 微克 / 米 ^{3}，同比下降 13.3%；全市考核断面均达到地表水Ⅲ类水质标准。

美化城乡人居环境，精心雕琢山水公园城市的大美画卷。推动建设生态为底、山水为形、文化为魂、人城境业和谐统一的山水公园城市，引领绿色新风尚，积极营造山水公园城市的共建氛围。

天台山

四川省绵阳市盐亭县

示范区

盐亭素有“华夏母亲之都、世界丝绸之源”的美誉，生态环境优美，文化底蕴深厚。二十世纪 70 年代，盐亭生态环境脆弱，森林覆盖率仅 3.4%，多年来，县委县政府带领全县人民斗荒山，兴水利，扬生态之长，做山水文章，优生态环境，强生态产业，创生态财富，走出了一条生态振兴、产业兴旺、生活富裕的绿色发展之路，彻底改变了过去“十山九秃”的现状，森林覆盖率达 49.39%，受到党中

五龙乡

莲花湖

央、国务院的高度肯定。

聚力生态建设，厚植发展根基，以天然林资源保护和退耕还林工程为重点，实施全域增绿、退耕还林、滨河改造、家园美化等工程，打造生态宜居县城、幸福美丽乡村。

深抓污染防治，优化生态质量，坚决打好蓝天、碧水、净土保卫战，2019 年，城市环境空气优良天数达标率 97.3%，空气质量排绵阳市第 2 名，城区环境空气质量位居成都平原前列。

健全工作体系，提升监管能力，率先推行“环保管家”环境污染治理商业模式，实施环境网格化、综治网格化“二网合一”联合管理，基本建成功能完善的环境监测体系。

实施创新驱动，加快绿色发展，以生物医药、新型家具建材、机电制造三大主导产业为主，构建“1235”工业格局及“4+2”现代农业产业体系，推进文旅融合发展。倡导绿色生活，引导公民自觉形成自然、简约、文明的生活方式。

四川省乐山市峨眉山市

示范区

峨眉山地处四川盆地西南边缘，是峨眉山—大风顶生物多样性保护与水源涵养生态功能区的重要组成部分，是长江上游生态屏障建设的重点区域。峨眉山素有“地质博物馆”之美誉，是我国著名的旅游胜地和四大佛教名山之一，是四川省唯一的世界文化与自然遗产地。近年来，峨眉山紧紧围绕“打造绿水青山典范城市”的总体定位，实施“生态立市、文旅兴市、产业强市”发展战略，全力做好

仙山茶园

绿色生态“加法”和环境污染“减法”。

健全机制，守护绿色家底。制定《“绿水青山典范城市”指标体系》，压紧压实生态环境保护“党政同责、一岗双责”，落实党政领导干部生态环境损害责任追究制度及自然资源资产离任审计制度，将生态环境保护作为干部年度绩效考核重要内容。

聚力重点，优化生态环境。深入实施“生态搬迁”“生态补水”“生态植绿”“生态保护”工程，实现还山于民、还绿于民。2019 年生态环境状况指数达 78.5，空气质量优良率 91.2%，12 条主要河流监测断面均达到或优于Ⅲ类地表水水质标准，森林覆盖率达到 63.5%。

生态赋能，融合发展增势。推动生态优势转化为发展优势，构建起一桶水、一瓶酒、一杯茶、一盅汤、一套拳、一台戏、一首歌、一根针、一展会“九个一”绿色产业体系，实现了生态与经济协调发展。

农夫山泉基地

四川省南充市仪陇县

示范区

仪陇位于川北低山与川中丘陵过渡地带，是开国元勋朱德总司令和为人民服务光辉典范张思德同志的故乡、川陕革命根据地的重要组成部分。境内气候宜人、物产丰富、山川秀美、生态靓丽，全县森林覆盖率达41.3%，城市绿化覆盖率达38.75%。近年来，仪陇县委、县政府持续发力改善生态环

穆家坝

境、优化生态空间、发展生态经济，走出了一条生态文明建设与经济社会发展相得益彰、融合共生的路子。

坚持生态、规划、责任三大导向，围绕将仪陇打造成生态空间合理、产业绿色低碳、资源高效利用、生态环境优美的国家生态文明建设示范县的奋斗目标，厚植绿色发展理念。

突出种养循环发展生态农业、转型升级发展生态工业、绿色本底发展生态旅游三大特色，培育壮大绿色产业经济。

打好污染防治、督察问题整改、生态修复治理三大攻坚战，提升县域环境综合质量。2019 年，县城空气质量达标率 93% 以上，9 个小流域出境断面、1 个重点湖库、7 个在用集中式饮用水水源水质达标率均为 100%。

实施城乡供水一体化、城乡污水治理一体化、城乡垃圾治理一体化三大工程，夯实环境保护基层基础。建立人人参与的共建共享、生态优先的行政决策、全域覆盖的多方监督三大机制，推进生态文明行稳致远。

柏杨湖

四川省阿坝藏族羌族自治州九寨沟县

示范区

九寨沟是四川省第二大林区、国家重点生态功能区和全国重要生态屏障和水源涵养地。境内拥有国家 5A 级景区九寨沟风景名胜区、九寨沟国家森林公园、白河金丝猴国家级保护区以及勿角大熊猫、贡杠岭两个省级保护区等。

近年来，九寨沟县委、县政府认真贯彻落实习近平总书记关于生态文明建设和灾后重建的重要指示精神，坚持党政同责，统筹推进生态文明建设，率先在全国出台了首个县级生态文明建设评估指标

诺日朗瀑布

体系。坚持标本兼治，大力实施灾后生态修复、污染防治和环境综合整治三大工程。2019 年环境空气质量优良天数达到 100%，地表水水质达到或优于Ⅲ类的比例为 100%，九寨沟世界自然遗产地生态环境功能基本恢复至震前水平，为世界自然遗产修复保护提供了“九寨样板”。坚持绿色发展，大力发展生态旅游、生态农业、生态工业，建设了全国第一个跨省飞地产业园区，成功申报国家级农业标准化示范县和省级 2018 年有机认证示范县，实现了“九寨沟不止有九寨沟”历史性转变。坚持全民参与，大力实施生态文化教育工程、全民生态文明宣传工程，成立阿坝生态文明干部学院九寨沟分院，生态文明理念深入人心。坚持城乡统筹，推进漳扎镇国际生态旅游魅力小镇和南坪镇宜居县城建设，在四川省民族地区率先启动农村污水处理、垃圾清运全覆盖。

勿角自然保护区

贵州省遵义市红花岗区

示范区

红花岗位于贵州省北部，是遵义市的中心城区之一，更是遵义经济、文化、交通中心。1935 年 1 月，中共中央在这里召开了具有伟大历史意义的“遵义会议”，被誉为“转折之城”。

贡米生产基地

红花岗坚持以习近平生态文明思想为指引，坚持把生态作为城市建设发展的根本依托和基本优势，实施绿色发展行动，强化城市环境治理，推行绿色低碳生产生活方式，提升山水城市形象，建设宜居、宜游、宜业生态区。围绕建设“山为屏、水为脉、山水城融合”城市目标打造美丽山水城市，守住绿水青山，构筑起一道靓丽的城市生态绿色屏障。

近年来，通过争创国家生态文明建设示范区，红花岗先后实施“天蓝、地绿、水清、气净”城乡清洁八类 64 项工程，生态环境质量得到明显提高，区内水域水质达标率均达到 100%，城空气质量优良率稳定保持 97.5% 以上；实施城市双修及增绿添彩，森林覆盖率达到 47.05%，建成区绿化覆盖率 41.95%，城区品质进一步提升；强化城市深度治理，实施“农村厕所革命、村庄清洁、治污治水、面源污染治理”四大行动，城镇生活污水和垃圾实现全覆盖处理。

如今的红花岗，正保持加强生态文明建设的战略定力，持续创新深化生态文明体制改革，全力打造红色文化与绿色生态交相辉映的黔北明珠。

中心城区

贵州省遵义市凤冈县

示范区

凤冈位于贵州省东北部，地处大娄山南麓、乌江北岸，古有“黔中乐土”，今有“锌硒茶乡”美誉。凤冈始终坚守发展和保护两条底线，先后荣获“国家卫生县城”“中国长寿之乡”“中国健康小城”等荣誉称号。

西部茶海

近年来，凤冈以国家生态文明建设示范创建为指引，实施了“四大生态工程”，生态环境持续改善，2019年，环境空气质量优良率达96.1%，集中式饮用水水源地水质达标率达100%，地表水水质达标率100%，林草覆盖率60.08%。建成1个国家级湿地公园、1个省级森林公园和茶香飘逸的中国西部茶海森林公园、碧波荡漾的九道拐十里长河、神秘的万佛峡谷等，人居环境持续提升。完成“三线一单”划定，推行“多规合一”，生态生活生产空间持续优化，构建生态优先、绿色发展的空间格局。

突出绿色发展，全面推进生态经济提质工程，坚持做强茶产业、做大牛产业，培育打造一批集聚提升型、城郊融合型、特色保护型村寨和田园综合体。成功探索出“畜—沼—茶”循环发展模式。建立以茶叶为主的农产品质量安全可追溯平台，保障农产品舌尖上的安全。2019年，全县完成地区生产总值76.64亿元，绿色GDP达45%。“凤冈锌硒茶”品牌在2020年中国茶叶区域公共品牌价值评估中评估价值达22.96亿元。

长碛古寨

贵州省遵义市习水县

示范区

双龙村

习水位于黔北边缘，处于川黔渝的结合部，总人口 52.45 万，辖 4 个街道、20 个镇、2 个乡。习水具有典型的“一山分四季，十里不同天”立体自然地理特征，生态系统特殊，自然生态资源丰富；是著名的美酒之乡，也是一片红色的土地，中国工农红军长征“四渡赤水河”有三渡在其境内，红色成为习水高质量发展的宝贵精神财富。

近年来，习水坚持以习近平生态文明思想为指引，不断加大“生产发展、生活富裕、生态良好”文明发展道路探索力度，紧紧围绕开展国家生态文明建设示范县创建等载体，准确把握“绿洲红城”定位，坚守生态发展底线，紧扣“绿水青山就是金山银山”理念、绿色发展战略，扎实推进产业发展和生态保护的有机融合。打好红色与绿色两张牌，延伸红色旅游、生态旅游产业链，做强酒产业和花椒等特色农业，实现生态富民。

2019 年，全县生态环境质量总体持续稳定向好，环境空气质量优良率 98.6%，主要河流水质达到Ⅱ类，集中式饮用水水源地水质 100% 达标；国家级自然保护区等 7 处自然保护地得到严格保护，生态环境状况指数（EI）为 73.7，森林覆盖率达到 57.6%。先后荣获“全国十佳生态休闲旅游城市”“全国绿化模范县”“全国森林旅游示范县”“国家农产品质量安全县”“国家重点生态功能区”“中国厚朴之乡”等荣誉称号。

赤水河习水段

云南省楚雄彝族自治州

示范区

楚雄是全国30个民族自治州中的两个彝族自治州之一，生态优美山水灵秀，境内乌蒙山、哀牢山、百草岭“三山鼎立”，长江、红河两大水系“二水分流”，历史文化底蕴厚重，享有“世界恐龙之乡、东方人类故乡、中国彝族文化大观园”的美誉。

坚持生态立州，高位推动生态文明示范创建。明确战略定位，以打造“滇中翡翠”为目标，建立健全生态文明建设体制，生态文明建设占党政部门绩效考核比例达23%，开展“大比拼”活动，将生

青山湖

态文明建设作为重要内容。“以奖代补”政策实现生态文明创建全覆盖，全州9个县市成功创建为省级生态文明县市，103个乡镇创建成为省级生态文明乡镇。2015—2019年，森林覆盖率从63.5%上升到68.01%，森林覆盖率年均增长率连续三年云南省第一。2019年，河（湖）长制、危废管理考核居云南省第一。

双柏哀牢山绿孔雀

聚焦绿色发展，构建生态经济体系。立足资源禀赋，打造世界一流“三张牌”重大决策部署，发展枢纽经济、门户经济、流动经济、数字经济，建设滇中城市群新增长极，努力打造全国30个民族自治州现代产业体系建设高地。产业结构持续优化，新动能日趋强劲，走出了一条以“生态优先、绿色发展”为导向，独具楚雄特色的高质量发展新路子。

云南省怒江傈僳族自治州

示范区

怒江地处中缅接合部，“三江并流”世界自然遗产地，是全国深度贫困“三区三州”之一。境内有高黎贡山国家级自然保护区和云岭省级自然保护区，是西南边境重要的生态屏障。怒江州委、州政府始终在脱贫攻坚中保护好绿水青山，走出了一条脱贫攻坚与生态环境保护双促共赢的路子。

打好生态底色，创新脱贫模式。创新“生态护林员 +”模式，实施退耕还林还草把荒山变成了生态林、经济林；推进产业帮扶，建成 46 个扶贫车间，组建 186 个生态扶贫专业合作社；发展峡谷特色

高黎贡山

生态产业，培育发展文化旅游产业，保护传承民族文化，助力脱贫攻坚。

筑牢生态屏障，巩固保护成果。通过实施退耕还林还草、生态修复以及加强生物多样性监测和技能培训，2019 年森林覆盖率达 78.08%，巩固了生物多样性保护成果，不断发现新分布珍稀野生动植物。率先开展全州生态资产核算及生态补偿政策研究，核算怒江州生态系统生产总值约 6 217 亿元，单位国土面积生态资产价值 4 263 万元 / 平方公里。

打造怒江花谷，提升生态品位。对主干公路沿线、城镇面山、村庄庭院、易地扶贫搬迁安置小区、旅游景区景点等进行全方位的绿化、美化、净化，着力打造出“四季有花、常年伴绿、景随路移、独具特色”的怒江花谷生态建设示范区。

云南省保山市昌宁县

示范区

昌宁大力实施生态立县战略，坚持“生态兴、经济兴，生态强、经济强，生态活、经济活”的生态文明发展之路，以生态环境高质量为导向，坚持源头治理与集中攻坚并重，污染防治与生态修复并举，能力建设与制度创新并进，实现了全县生态环境治理和绿色经济发展双赢目标。

云影湖

在创建思路上，坚持“一盘棋”理念，做到县委政府主导、部门主责、乡镇主力、群众主体、社会主动；在创建办法上，坚持“法定职责必须为、法无授权不可为”，制定了全国第一部县级田园城市保护法规《保山市昌宁田园城市保护条例》；在创建内容上，坚持“一根丝”精神，突出千年茶乡、田园城市主题。

立足于“山更绿、水更清、天更蓝、田更美、园更靓、家更暖”，实施绿色屏障、绿色城镇、绿色村庄、绿色通道“四绿”工程，建成“荒山披绿装，道路树成行，城市绿荫绕，单位园林化，庭院草木芳”的生态园林环境，森林覆盖率达 67.01%。围绕“一年变净、两年常清、三年成景”的目标，开展河道水体治理和修复，实施水处理样榜工程，实现重要水功能区水质达标率、地表水达标率、集中式饮用水水源地水质达标率“三个 100%”。实施“绿化、美化、彩化、香化”四大工程，打造“环山脉水、田城相拥”的海绵城市、生态城市和景观城市。

樱花大道

西藏自治区拉萨市

示范区

拉萨地处雅鲁藏布江支流拉萨河中游河谷平原，西藏高原的中部、喜马拉雅山脉北侧，是藏传佛教圣地，有“日光城”的美称。近年来，拉萨坚持贯彻落实习近平总书记“保护好青藏高原生态就是

纳木措

对中华民族生存和发展的最大贡献”重要指示精神，牢固树立“绿水青山就是金山银山、冰天雪地也是金山银山”理念，坚持在开发中保护、在保护中开发，积极参与和融入“一带一路”“新时代西部大开发建设”。

完善机制，压实生态环境责任，严守“生态保护红线、环境质量底线、资源利用上线”，完善生态文明建设体制机制，推进执法监管体系现代化建设。提档升级，重构生态空间布局，坚持“一张蓝图绘到底”，优化生产、生活、生态空间布局，形成生态文明建设大格局。

绿色发展，激活生态经济动力，推动一二三产业深度融合，构建富有竞争力的现代化产业体系，逐步形成了以“特色、高端、精品”旅游和净土健康产业为重点的绿色发展模式。

城乡统筹，实施蓝天、碧水、净土、生态、基础设施工程及乡村振兴战略，打造城水相融、富有活力和具有特色的现代化“高原水城”。空气质量长期保持在全国168个城市前列，2019年位居第一名。国控考核断面水质达到或优于Ⅲ类比例保持稳定，无劣Ⅴ类水体和黑臭水体。

拉鲁湿地

西藏自治区山南市

示范区

山南史称“雅砻”，是藏民族的摇篮、藏文化的发祥地，地处青藏高原冈底斯山·念青唐古拉山脉以南的雅鲁藏布江中下游。

山南坚持以习近平生态文明思想为指引，坚守“做神圣国土的守护者、幸福家园的建设者”的初心，在西藏地面沙化最严重的雅鲁藏布江河谷，经过15年的植树造林、防沙治沙，成片栽植树木4 500余万株，在“雅江”两岸形成长160千米，平均宽1 800余米的绿色生态走廊，贡嘎机场灾害性

羊卓雍措

风沙天气逐年减少，101 省道多年未发生因沙堵路现象，沿线山南段的年风沙危害防治费用减少 80%。

通过防风治沙改善生态环境，山南积极发展生态产业，打造了 12 个国家农业标准化示范区，采取“公司 + 技术团队服务指导 + 贫困户”的经营模式，带动就业脱贫及群众增收。统筹兼顾高原风光风貌保护和环境整治，坚持保留乡村原始风貌与环境治理并举，建设具有浓郁民族特色的传统村庄。通过建立“党委 + 党支部 + 村民”的“共谋、共建、共管、共评、共享”机制，动员全民投身人居环境整治。地处海拔 4 600 米的卓德村，通过开展“三看三比”活动，逐渐演变成为一个乡风文明、邻里和谐、安居乐业的新时代高原牧区生态村。山南继往开来，坚守初心，让“雅砻”大地天更蓝、水更清、地更净、家园更美丽、文化更现代、生活更美好。

扎日

西藏自治区阿里地区

示范区

阿里位于祖国西南边陲，是国家重要的安全屏障和生态安全屏障，素有“高原上的高原”“世界屋脊的屋脊”之称。在巩固边疆安全和反恐防暴任务的基础上，阿里牢固树立“绿水青山就是金山银山、冰天雪地也是金山银山”理念，努力建设经济繁荣、城乡一体、环境优美、社会和谐、生态文明、人民幸福的雪域明珠。

玛旁雍措湿地

依托山水林田湖草等生态要素，构建“一核、两区、四带、多点”的生态安全格局，实施“两江四河”流域植树造林防风治沙。全面绿化消除海拔4 300米以下“无树村、无树户”，试点设立垃圾银行推动生活垃圾分类。发展设施农业，将高寒贫瘠土地转变为高原特色有机、无公害和绿色蔬果基地；积极打造藏西北绒山羊产业带，建设现代农牧业产业园区；培育“藏西秘境·天上阿里”旅游品牌，加强区内外合作交流。积极开展羌塘国家级自然保护区管理体制机制改革试点，野生动物恢复性增长明显。探索措勤藏布跨地市流域上下游横向生态保护补偿机制，与日喀则共同保护流域生态环境。以“藏西先锋·红色阿里”党建品牌为引领，弘扬藏族传统文化生态保护思想，打造精神高地。

神山圣湖

近年来，阿里环境空气质量优良率保持在98%以上，主要河流、湖泊水质全部达到或优于Ⅲ类标准，被称为世界上环境质量最好的地区之一。

陕西省宝鸡市太白县

示范区

太白地处秦岭腹地，北连秦川，南通巴蜀，为川陕之要冲，地跨长江、黄河两大流域。近年来，太白深入推进“生态立县”战略，初步形成了经济、社会、环境协调发展、三个效益同步增长的发展态势。

树牢生态文明思想，涵养绿色政治生态，以“慢城太白党旗红”党建品牌为抓手，推进落实全县领导干部“党政同责、一岗双责、失职追责”制度，打造太白生态铁军。

黄凤山村

加大保护治理力度，恢复提升生态功能，将生态建设与林业发展、农业面源污染治理与农业农村发展、整治城乡环境污染与城乡建设发展相结合，狠抓天然林保护、退耕还林、环境整治和绿化提升、水源环境综合整治、小流域治理、矿区生态环境综合治理等工程。2017—2019 年，环境空气优良天数分别达到 325 天、325 天、350 天，空气质量综合指数位居陕西省前列，地表水水质均稳定达到Ⅱ类标准。

发展绿色循环经济，实施振兴“太白药谷”计划，构建以蔬菜、中药材为主的现代农业，以避暑休闲、度假观光为主的生态旅游业，以黄金、钨钼为主的生态工业三大产业体系，以农促游、以游带农成为增收新亮点。

坚持全域绿色创建，生态文化花满太白，把生态文化建设同“生态镇村”“绿色社区”“绿色家庭”“绿色学校”“绿色企业”等创建活动相结合，引导全社会齐动手共参与实践生态文化。

衙岭

陕西省汉中市留坝县

示范区

留坝地处秦岭南麓腹地，属国家级扶贫开发重点县和国家重点生态功能区水源涵养区，也是国家南水北调中线工程重要水源地之一，森林覆盖率达91.23%，素有“绿色宝库”“天然氧吧”美誉。改革开放初期，留坝依托丰富的林业、矿产资源，形成以木材、药材、石材为支撑的经济发展模式，不

悠然蓝天（何凤 摄）

仅没有给群众带来长久收益，反而严重破坏了生态环境。经过不断实践探索，留坝确立了“生态立县、药菌兴县、旅游强县”发展战略和“四养一林一旅游”主导产业发展方向。

在生态制度上，构建了党委领导、政府负责、环保统筹、部门协作、全社会参与的工作格局。在生态安全上，坚守生态底线，深入开展“四大保卫战”，生态环境质量持续好转。在生态空间上，不断加强矿山生态环境的治理与修复。在生态经济上，积极推行“政府＋龙头企业＋扶贫社＋农户”“扶贫社＋产业基地＋能人大户”等模式。在生态生活上，持续推进“精美留坝”城乡环境综合整治，实施城区、镇村、道路沿线、河流水系、景区景点环境整治和绿化提升工程，实现了垃圾有去处、污水进管道，河道绿水成荫、景点优美迷人，房前屋后三季有花、公路沿线四季常绿的景观效果。在生态文化上，创新建立“德美屋”，倡导节约意识、环保意识、生态意识，形成了节能资源、保护环境的良好社会风尚。

古道人家（马芦苇 摄）

陕西省安康市岚皋县

岚皋以习近平生态文明思想为指导，围绕“旅游富民、生态强县”目标，把绿色生态作为核心竞争力来打造，走出了一条经济建设与环境保护共赢的发展道路。

秉持“绿水青山就是金山银山”理念，构建高位推动、规划引领、综合监管、考核倒逼四大体系，通过制度建设，形成了持续有效的良性驱动机制；严守发展空间、生态保护、农用耕地“三条”红线。通过红线约束，保障了主要生态功能区数量不减少、用途不改变、质量不下降；开展蓝天、碧水、净土、青山“四大”保卫战，探索创新的河长＋警长＋督查长“三长治河”模式，县域生态环境质量稳中向好，全省排名第八；实施旅游富民、农业增效、工业提质、资源循环利用、环境综合治理“五大”工程，走出了一条以生态旅游为引领，现代农业、新型工业为支撑的县域产业发展之路；深化生态文明意识进机关、进乡镇、进农村、进社区、进校园、进企业“六进”活动，促进了生态环境综

县城全貌（屈兰平 摄）

合治理文明知识的普及和生态文明理念的形成，为生态文明建设奠定了良好的基础。2019 年空气环境质量优良天数 330 天、优良率为 90.4%，境内主要河流出境断面水质稳定保持在Ⅱ类标准以上，森林覆盖率达到 79.7%，累计建成镇村污水处理设施 35 处、垃圾填埋场 8 座，城镇生活垃圾无害化处理率达 100%，城镇污水处理率达 96.91%。

丰收金色的希望（屈兰平 摄）

甘肃省平凉市崇信县

示范区

崇信始终把生态文明建设作为贯彻习近平新时代中国特色社会主义思想的重要举措，做优做活“五篇文章”，持续推进生态治理修复保护等各项工作。

做好“学”的文章，树牢绿色发展理念，完善党政部门生态环境保护责任、生态文明绩效评价考核、网格化监管等制度机制。做好“加”的文章，构建绿色安全屏，依托“三北四期”、退耕还林、小流域治理等工程项目，推进大规模的国土绿化，林草覆盖率达到59.88%。做好“减”的文章，推进环境质量改善，深入推进“蓝天碧水净土”保卫战，实施节能减排和生态环保项目41项，汭河、黑河、达溪河3条河流水质稳定达到III类水质标准，空气优良天数占比连续三年达到92%以上。做好

龙泉烟霞（姚崇钧 摄）

汭河晨曦（王淑兰 摄）

"治"的文章，严守生态红线底线，深入开展全域无垃圾治理、农村人居环境整治等专项行动，取缔散煤经销点 43 个、关停采砂采石企业 34 户、整治入河排污口 16 处，重新划定了水源地保护区划和畜禽禁养区规划，县城餐饮服务门店清洁能源改造实现全覆盖。做好"改"的文章，聚焦绿色发展崛起，建立了"十大生态产业"项目库，绿色发展理念融入经济社会发展全过程。

经过多年努力，崇信生态环境治理体系不断健全，环保基础设施日趋完善，生态产业开篇破题，天蓝地绿、山清水秀的美丽崇信建设取得丰硕成果。

甘肃省甘南藏族自治州迭部县

示范区

迭部县城

迭部位于青藏高原东部边缘、甘肃南部白龙江上游甘川两省交界处。近年来，迭部县委、县政府始终坚定生态文明理念，扬生态之长，做山水文章，兴绿色产业，围绕生态环境质量提升，把创建国家生态文明建设示范县作为推进产业转型升级、激活县域生态竞争力、提升群众幸福指数总抓手。

以生态机制创新为重点，形成了县委重视、政府主导、人大监督、部门协作、公众参与的强大工作合力。以生态规划为先导，全面夯实政策和技术支撑，切实抓好规划、政策的编制实施工作。以主体功能定位为导向，加大自然生态保护与建设，大力实施天然林保护、公益林建设、自然保护区建设、退耕还林还草、山洪地质灾害防治等国家重点生态建设工程；落实林区农牧民群众身份置换为生态管护员，实现了生态增强、林业增效、农民增收，走出了一条“建生态县、吃生态饭”的生态扶贫路。以生态优势为依托，加快发展绿色生态产业，推动藏中药材、特色林果、山野珍品、特色养殖等多元富民产业的发展。实施生态文明小康村建设，全面推进“一十百千万”旅游标杆村和旅游专业村建设，持续擦亮全域无垃圾“金字招牌”。积极探索了一条生态保护、生产发展、生活富裕的发展之路，为全面推进“生态迭部”建设，打造“绿水青山就是金山银山”理念样本县谱写了新篇章。

扎尕那神韵（丁丕青 摄）

青海省海东市平安区

示范区

平安区委、区政府历来高度重视生态文明建设，深入践行习近平总书记“四个扎扎实实”重大要求和青海省委“一优两高”战略部署，将农村人居环境整治、高原美丽乡村建设等重点工作与脱贫攻坚深度融合，努力打造“产业兴旺、生态宜居、乡风文明、治理有效、生活富裕”的高原美丽乡村，

古城乡

走出了一条绿色生态和高质量发展之路。

加强组织领导，强化工作保障，实施“党委统领、政府负责、部门协调、乡镇落实、群众参与”的农村人居环境综合整治体系，形成全区动员、全乡（镇）推进、全村行动、全社会参与的工作格局。强化监督管理，形成长效机制，制定责任包干、垃圾清运、保洁员管理、督查通报等 13 项长效管理制度，建立了“日清、周洁、月检、季评、年奖”的工作机制，农村人居环境整治逐步走上制度化、规范化、常态化轨道。发挥农民主体作用，社会共同参与，将农村环境卫生整治、农村基础设施管护、推进移风易俗等要求纳入村规民约，开展农村人居环境整治示范村和“美丽小庭院”等创建评比活动，助力打造新时代新农村新风貌。重点工作鲜明，区域特色突出，将实施高原美丽乡村建设、完善公共服务配套设施等重点工作作为重要举措，统筹规划、整合资金、融合推进，打造环境优美、生态宜居、特色鲜明的新农村。

上法台新村

青海省黄南藏族自治州河南蒙古族自治县

示范区

河南县位于九曲黄河第一弯曲部、青甘川三省结合部，拥有青海省生态保护最好的可利用草场913万亩，堪称“亚洲一流·青海最美”，被联合国教科文组织誉为“四大无公害超净区之一”，也是全国面积最大的有机畜牧业生产基地。

近年来，河南奋力推进“一优两高”和“三区建设”发展战略，积极探索生态文明建设发展新兴

洮河源

之路，首创县级干部草原生态治理责任制、“无垃圾示范县”建设，推进“禁塑令”、“极数河南”生态区建设、生态文明小康村建设、“有机大牧场建设”和1161生态牧业综合体等创新举措。

坚持党建引领，自觉把政治理论学习成果转化为打好污染防治攻坚战、改善生态环境质量的具体行动；聚焦打好生态环境保护“三大攻坚战”，突出水环境整治、节能减排、环境监管等工作重点；创新全民环卫新模式，实行环境卫生区分片包干，着力解决乡村垃圾积存、乱倒、死角卫生脏乱差等病灶顽症；加强科研成果转化，借助高新技术，建设三江源生态大数据平台、生态空间展示厅、智慧生态畜牧业技术集成与应用示范试点平台、生态科研园，统筹管理三江源地区生态资源、生态资产。做好绿色产业发展文章，构建低消耗、低排放、高效率、高产出的循环产业集群，实现从大草原到大城市，大牧场到大市场的全新突破。

黑土滩

宁夏回族自治区吴忠市

示范区

吴忠地处宁夏中部，坐落在中华民族“母亲河”——黄河之滨，是宁夏引黄灌区的菁华之地，有汉、回、满、蒙等28个民族，自古享有“塞上江南·鱼米之乡”的美誉，被国家民委授予“全国民族团结进步创建活动示范市”称号。

吴忠狠抓生态文明建设，制定《吴忠市环境保护全面量化管理体系》，成立生态环境保护领导小组，构建了责任清晰、协同联动、严明执法、高效服务的生态环保工作格局。

发展生态经济，实施“坚持绿色发展、加快转型升级”战略，坚持需求结构优胜劣汰、产业结构轻重并举、招商引资严把关口、创新驱动内生动力，推进绿色经济示范市建设，走出一条西部欠发达地区绿色发展新路子。

着力改善生态环境质量，深入实施“三大”行动，建设智慧环保信息化管理平台，建立“监测—

黄河楼

预警—防控—修复”的技术体系，打造自治区标杆示范平台，环境空气质量优良天数占比连续三年达到80%以上，过境黄河断面稳定达到地表水Ⅱ类水质，入黄排水沟稳定达到地表水Ⅳ类，林草覆盖率达到58%。

坚持共治共享，实施“服务业提升年”活动及市区“城市双修”工程，“吴忠早茶”“吃在吴忠”美誉度和影响力不断提升，积极倡导绿色生态生活方式，全力打造天蓝、水清、地绿，经济可持续发展、人与自然和谐相处的黄河金岸、水韵吴忠。

清水沟入黄口人工湿地

新疆维吾尔自治区伊犁哈萨克自治州特克斯县

示范区

特克斯位于天山北麓西部的特昭盆地东端，四面环山，中部是东西走向的特克斯河，拥有世界自然遗产地喀拉峻、科桑国家森林公园。

近年来，特克斯实施“依法治县、生态立县、旅游活县、优势资源转换”战略，协调推进农牧业

琼库什台村

现代化、生态建设常态化、文化旅游品牌化、劳动就业产业化、新型城镇化发展，努力建设伊犁河谷独具特色的生态强县、文化大县、旅游历史文化名城。

建立健全机制，从思想认识、组织领导、科学规划、创建培训、责任落实等多方面全力推进生态创建。突出重点，狠抓基础设施、生态工程以及“细胞工程”建设，实施了草畜平衡，空气、水质监测站建设，人居环境改善，污水、垃圾处理场建设等项目。发展生态农业，打造万亩绿色农产品生产示范区，形成了中药材、食用菌、优质果品等特色种植基地，特克斯苹果、特克斯杏，以及景向阳光、花海喀拉峻休闲观光农业，“世界喀拉峻・中国八卦城”等品牌逐步打响；畜群畜种结构不断优化，农畜产品加工企业快速发展。多策并举，着力改善环境质量，加强重点污染源排查整治，全面提升生态环境监测水平，建立环境监管网格化体系，持续加强环境监管力度。2019 年，伊犁河特克斯段河流水质保持在Ⅱ类水质标准，环境空气质量优良率达 98%，$PM_{2.5}$ 年均浓度为 17 微克 / 米 ^{3} 并保持稳定。

阔克苏大峡谷

新疆维吾尔自治区阿勒泰地区哈巴河县

示范区

哈巴河地处祖国西北边陲，阿尔泰山南麓，准噶尔盆地北缘，拥有冰川雪山、森林草原、平原绿洲、丘陵盆地、沙漠戈壁等各种地貌类型，拥有高山型国家级森林公园白哈巴和平原型国家级森林公园白桦林，生物丰富多样，自然风光秀美。

白沙湖

近年来，哈巴河县委、县政府在自然资源资产管理体制、生态环境监管体制、绿色产业发展引导机制、资源节约集约利用等方面先行先试，以“绿色”引领低碳生活新时尚，着力打造具有浓郁边疆特色的生态文明城市。

把以人为本、尊重自然、传承历史、绿色低碳等理念融入县域规划全过程。统筹“蓝天、碧水、净土和农村人居环境整治”“治山、治水、治气、治城一体推进”，全年空气质量优良天数达到100%，地表水水质达到Ⅲ类以上，林草覆盖率达到71.2%。发展节地、节水、节能等清洁环保产业，依托农区畜牧业，发展农副食品加工业；依托林木种植和生态休闲旅游，发展旅游纪念品加工；依托药用农业和林业，发展生物医药产业；依托现有企业基础，促进产业转型升级；实施废弃矿山生态治理工程，重点矿山全部创建成为自治区绿色矿山。实施村庄生态建设和农村环境卫生整治，结合庭院经济、“三区分离”“院内院外六件事”、安全饮水等工作措施，实现城乡环境优美、庭院美化、村容整洁、乡风文明的新气象。

那仁夏牧场